Ashish Kumar

Estabilização de solos expansivos com pó de tijolo e cal

Ashish Kumar

Estabilização de solos expansivos com pó de tijolo e cal

ScienciaScripts

Imprint
Any brand names and product names mentioned in this book are subject to trademark, brand or patent protection and are trademarks or registered trademarks of their respective holders. The use of brand names, product names, common names, trade names, product descriptions etc. even without a particular marking in this work is in no way to be construed to mean that such names may be regarded as unrestricted in respect of trademark and brand protection legislation and could thus be used by anyone.

Cover image: www.ingimage.com

This book is a translation from the original published under ISBN 978-620-2-30947-9.

Publisher:
Sciencia Scripts
is a trademark of
Dodo Books Indian Ocean Ltd. and OmniScriptum S.R.L publishing group

120 High Road, East Finchley, London, N2 9ED, United Kingdom
Str. Armeneasca 28/1, office 1, Chisinau MD-2012, Republic of Moldova, Europe
Managing Directors: Ieva Konstantinova, Victoria Ursu
info@omniscriptum.com

Printed at: see last page
ISBN: 978-620-8-38778-5

ÍNDICE

LISTA DE ABREVIATURAS

BP	Brick Powder
BD	Brick Dust
CL	Clay with low Plasticity
CBR	California Bearing Ratio
ES	Expansive Soil
G	Specific Gravity
IS	Indian Standards
kN	Kilo Newton
LL	Liquid Limit
MDD	Maximum Dry Density
OMC	Optimum Moisture Content
PL	Plastic Limit
PI	Plasticity Index
UCS	Unconfined Compressive Strength

Capítulo 1
INTRODUÇÃO

1.1 Generalidades

Na Índia, grandes áreas estão cobertas por solos altamente plásticos e expansivos, que não são adequados para trabalhos de engenharia civil porque os solos expansivos são fracos em termos de resistência. Em geral, o solo expansivo incha e encolhe excessivamente com a alteração do teor de água e, se alguma estrutura estiver em contacto com o solo expansivo, sofre um assentamento diferencial que leva à rutura da estrutura. Por conseguinte, não é adequado utilizar solos expansivos sem alterar as suas propriedades geotécnicas.

Existem vários processos disponíveis, como o método químico, mecânico, biológico ou combinado, para melhorar os parâmetros de resistência dos solos. A estabilização do solo tornou-se uma preocupação importante na engenharia de construção e foram efectuados muitos estudos para determinar a utilização de diferentes tipos de materiais como um novo agente estabilizador.

O tijolo é um dos materiais mais importantes utilizados na construção. Para produzir tijolos, existem numerosos fornos de tijolos que cresceram ao longo de décadas de forma não planeada em diferentes partes do país. O pó de tijolo é um resíduo produzido nos fornos de tijolo que ainda não é reciclado e é geralmente utilizado para enchimento de terrenos.

A partir dos estudos anteriores, revelou-se que houve uma grande melhoria nas propriedades geotécnicas do solo quando este foi estabilizado com pó de tijolo e material de ligação como a cal.

No presente estudo, o pó de tijolo e a cal são considerados um aditivo misturado com o solo para melhorar as propriedades geotécnicas do solo. A percentagem óptima de combinação de pó de tijolo e cal foi obtida após uma série de experiências laboratoriais.

1.2 Solo: uma visão geral

A presença de solo expansivo num local de construção é uma grande preocupação para os engenheiros geotécnicos. O objetivo da estabilização é melhorar a resistência do solo. A compactação é o método mais simples de estabilização do solo. O outro método é a adição de agentes estabilizadores, tais como cimento, betume, cinzas volantes e cal ao solo expansivo. Todas estas técnicas dividem-se em duas categorias, nomeadamente,

a) Estabilização mecânica

b) Estabilização química

a) Estabilização mecânica

Nesta categoria, a estabilização do solo é conseguida através do rearranjo artificial das partículas do solo, compactadas num estado mais próximo por compactação ou por vibrações induzidas. A compactação dinâmica e a vibro-compactação são geralmente utilizadas para a estabilização do solo.

b) Estabilização química

Nesta categoria, a estabilização do solo é conseguida através da adição de material de ligação (aditivo) ao solo. O solo pode ser estabilizado com material cimentício, como cal, cinzas volantes, betume ou uma combinação dos mesmos.

1.3 Pó de tijolo (BD) : Uma visão geral

O crescimento da economia e da população, juntamente com a urbanização, resultou num aumento da procura de edifícios residenciais, comerciais, industriais e públicos, bem como de outras infra-estruturas físicas. O tijolo é um dos materiais de construção mais importantes. Para satisfazer a procura crescente de tijolos, existem numerosos fornos de tijolos que cresceram de forma não planeada. O pó de tijolo (BD) é um produto residual obtido nos fornos de tijolo. O pó de tijolo é gerado a partir da queima de tijolos. É de cor vermelha e de natureza fina. Está disponível localmente e com facilidade. Não é reciclado e é apenas utilizado para enchimento de terrenos. Contém sílica como ingrediente principal. Pode ser utilizado como material de estabilização para solos expansivos (Akshatha. R. 2016)

1.4 Cal: uma visão geral

A cal é produzida através do aquecimento de calcário, que é carbonato de cálcio mais ou menos puro. A cal é um dos materiais mais utilizados para estabilizar os solos porque, como aditivo, melhora significativamente as propriedades de engenharia dos solos, incluindo a força, a resistência à fratura, a compactação do solo, o valor CBR do solo, a fadiga, a resistência à deformação permanente, a redução do inchaço e da retração, a resistência ao efeito prejudicial da humidade e a densidade seca máxima. A estabilização por cal é conseguida através da troca de catiões, floculação, aglomeração, carbonatação da cal e reação pozolânica. As reacções de troca de catiões e de aglomeração por floculação ocorrem rapidamente, provocando alterações instantâneas nas propriedades de engenharia do solo, ao passo que as reacções pozolânicas dependem do tempo e envolvem interações entre a sílica ou a alumina do solo. A cal forma vários tipos de produtos cimentícios que aumentam a resistência (Dana, 1994).

1.5 Objectivos do estudo

O objetivo do estudo proposto é identificar a mistura óptima de pó de tijolo e cal para modificar as propriedades geotécnicas do solo. Os objectivos do estudo são os seguintes

a) Estudar as propriedades do solo expansivo através da adição de cal e de resíduos de pó de tijolo.

b) Estudar os efeitos de diferentes percentagens de pó de tijolo e cal no comportamento de engenharia do solo expansivo.

c) Sugerir uma mistura óptima de terra-pó de tijolo-cal para a modificação das propriedades geotécnicas do solo expansivo.

Capítulo 2

REVISÃO DA LITERATURA

2.1 Generalidades

Neste capítulo, é feita uma breve revisão da literatura sobre a análise das propriedades geotécnicas do solo com pó de tijolo, cal e pó de tijolo-cal. Vários investigadores estudaram o comportamento do solo com pó de tijolo e cal após a realização de ensaios. Os resultados do estudo são apresentados nos quadros 2.1, 2.2 e 2.3.

2.2 Estudos anteriores sobre o pó de tijolo (BD) com o solo

Muitos investigadores trabalharam sobre as propriedades do pó de tijolo para avaliar a sua adequação como material de construção na área da engenharia civil. Alguns dos resultados importantes são brevemente reproduzidos.

Bhavsaret *al.* (2014) substituíram o solo de algodão preto por várias percentagens de pó de tijolo. O estudo revelou que foi observada uma melhoria máxima nas propriedades de engenharia do solo de algodão preto ao substituir o solo em 50% do seu peso seco por pó de tijolo. O pó de tijolo dá bons resultados como estabilizador, bem como os resíduos são utilizados, por isso é preferido para a estabilização.

Pokaleet *al.* (2015) realizaram ensaios de teor de humidade, de compressão não confinada e de índice de inchamento em solos com percentagens variáveis de pó de tijolo, tais como 10%, 20% e 30%. De acordo com o trabalho de estudo, observou-se que o teor de humidade diminui após 7 dias e 28 dias e a capacidade de resistência à compressão das amostras com substituição parcial é aumentada até 29,39% para 30% de amostra de pó de tijolo. A percentagem óptima é de 30% para a substituição do solo por pó de tijolo.

2.3 Estudos anteriores sobre cal com solo

Muitos investigadores trabalharam nas propriedades do solo-cal para avaliar a sua adequação como material de construção na área da engenharia civil. Reproduzimos brevemente alguns dos resultados mais importantes.

Dash *et al.* (2012) reconstituíram seis amostras de solo diferentes utilizando solo expansivo

(ES) e um solo residual não expansivo rico em sílica (RS) e estudaram o comportamento da amostra de solo com uma percentagem variável de cal. De um modo geral, a cal melhora as propriedades de engenharia dos solos. No entanto, nalguns casos, a cal tem tido um efeito negativo. A influência da estabilização com cal em solos expansivos e em amostras de solos residuais não expansivos ricos em sílica foi avaliada através da determinação das propriedades geotécnicas, tais como o limite deatterberg, o índice de inchamento, a mineralogia e a microestrutura. Uma percentagem óptima de cal foi encontrada para 100% de solo expansivo é de 9% e 100% de solo não expansivo rico em sílica é de 5% aos 28 dias.

Singh *et al.* (2013) concluíram que a adição de cal melhora as propriedades do solo de algodão preto. Neste estudo, a cal foi misturada a 4% e 6%. A adição de 4% de cal diminui o limite líquido em 12,1%, enquanto a adição de 6% de cal mostra uma diminuição de 17,7%. Verificou-se também que a densidade seca máxima diminui 2,4% e 5,6% com 4% e 6% de cal.

2.4 Estudos anteriores sobre pó de tijolo e cal com solo

Muitos investigadores trabalharam sobre as propriedades do solo, do pó de tijolo e da cal para avaliar a sua adequação como material de construção no domínio da engenharia civil. Alguns dos resultados importantes são brevemente reproduzidos.

Zerdiet *al.* (2016) realizaram uma série de experiências laboratoriais individualmente e em combinação de pó de tijolo e cal na estabilização de solos expansivos. De acordo com a literatura/trabalho, as propriedades geotécnicas dos solos expansivos melhoraram com a adição de pó de tijolo e cal. Concluiu-se que o efeito do pó de tijolo e da cal no solo de algodão preto é bom. Ao substituir o solo por 35% de pó de tijolo (BD) e 5% de cal do seu peso seco, registou-se uma melhoria máxima nas propriedades do solo. Assim, a utilização de pó de tijolo e cal é preferível para a estabilização, porque dá bons resultados como estabilizador, bem como a utilização de resíduos de pó de tijolo.

Akshathaet *al.* (2016) estudaram o efeito do pó de tijolo, da cal e da combinação deles no solo de algodão preto. Foram avaliadas as propriedades do solo estabilizado, tais como os limites de atterberg, as caraterísticas de compactação e a razão de suporte da Califórnia e as suas variações com o teor de pó de tijolo (BP) e cal. Este estudo revelou que tanto a cal como o pó de tijolo são adequados para melhorar as propriedades dos solos. A densidade seca máxima do solo de algodão preto aumenta e o teor de humidade ótimo dos solos diminui com a adição de cal e de pó de tijolo (BP). Concluiu-se que a proporção óptima de mistura de solo de algodão preto, pó de tijolo e cal é 68,5% BCSoil+30%

BP+1,5%Lime. Assim, a utilização de pó de tijolo de resíduos de demolição pode ser eficazmente utilizada na estabilização de solo de algodão preto.

Kumar *et al.***(2016)** efectuaram testes em várias proporções de pó de tijolo e cal misturados com o solo. O estudo revelou que a melhoria máxima foi observada nas propriedades de engenharia do solo com a utilização de cal e pó de tijolo, pelo que a percentagem óptima de cal e pó de tijolo foi observada a 6% de cal e 25% de pó de tijolo para melhorar as propriedades do solo expansivo

As Tabelas 2.1, 2.2 e 2.3 apresentam as várias propriedades geotécnicas, de acordo com os investigadores acima referidos.

Tabela 2.1: Propriedades do solo com aditivo de pó de tijolo (BD)

S.No.	Reference Paper	Mix Used	Parameters Studied								
			OMC (%)	MDD (kN/m^3)	LL (%)	PL (%)	PI (%)	Shrinkage (%)	CBR (%)	UCS (kN/m^2)	Swell Index (%)
1.	Bhavsar*et al.* (2014)	Soil+0%BD	18.08	16.77	43.00	16.89	26.10	23.70	-	-	50.50
		Soil+30%BD	15.55	17.75	33.50	12.96	20.53	9.40			10.00
		Soil+40%BD	14.30	18.34	32.50	12.77	19.72	7.80			5.00
		Soil+50%BD	11.69	18.93	29.30	11.43	17.86	7.30			0.00
2.	Pokale*et al.* (2015)	**For 1 Days**									
		Soil+0%BD	36.30	-	-	-	-	-	-	183.70	37.18
		Soil+10%BD	32.35							191.37	35.00
		Soil+20%BD	30.05							207.50	32.05
		Soil+30%BD	27.84							225.00	29.00
		For 7 Days									
		Soil+0%BD	28.57	-	-	-	-	-	-	207.19	36.62
		Soil+10%BD	26.76							217.38	34.17
		Soil+20%BD	23.62							236.46	31.30
		Soil+30%BD	20.96							266.15	28.14
		For 28 Days									
		Soil+0%BD	11.11	-	-	-	-	-	-	210.25	34.19
		Soil+10%BD	10.56							239.89	32.65
		Soil+20%BD	09.49							267.19	28.81
		Soil+30%BD	08.17							297.76	23.98

Tabela 2.2: Propriedades do solo com aditivo de cal

S.No.	Reference Paper	Mix Used	parameters Studied								
			OMC (%)	MDD (kN/m³)	LL (%)	PL (%)	PI (%)	Shrinkage (%)	CBR (%)	UCS (kN/m²)	Swell Index (%)
1.	Dash *et al.*(2012)	**For 0% Lime** (%ES+%RS) 100%+0% 80%+20% 60%+ 40% 40%+ 60% 20%+ 80% 0%+100%	-	-	-	-	-	-	-	-	97.10 48.10 34.20 26.30 3.89 0.25
		For 1% Lime (%ES+%RS) 100%+0% 80% +20% 60% + 40% 40% + 60% 20% + 80% 0%+100%	-	-	-	-	-	-	-	-	18.60 11.90 5.15 0.71 0.22 0.05
		For 3% Lime (%ES+%RS) 100%+0% 80% +20% 60% + 40% 40% + 60% 20% + 80% 0%+100%	-	-	-	-	-	-	-	-	1.46 0.87 0.63 0.00 0.00 0.06

S.No.	Reference Paper	Mix Used	Parameters Studied

			OMC (%)	MDD (kN/m^3)	LL (%)	PL (%)	PI (%)	Shrinkage (%)	CBR (%)	UCS (kN/m^2)	Swell Index (%)
		For 5% Lime (%ES+%RS) 100%+0% 80% +20% 60% + 40% 40% + 60% 20% + 80% 0%+100%	-	-	-	-	-	-	-	-	0.72 1.04 0.85 0.13 0.10 0.01
		For 9% Lime (%ES+%RS) 100%+0% 80% +20% 60% + 40% 40% + 60% 20% + 80% 0%+100%	-	-	-	Non-Plastic - - - - -	-	-	-	-	7.25 5.96 0.98 0.38 0.17 1.35
		For 13% Lime (%ES+%RS) 100%+0% 80% +20% 60% + 40% 40% + 60% 20% + 80% 0%+100%	-	-	-	Non-Plastic - - - - -	50.00 - - - - -	-	-	-	10.30 6.80 5.68 9.52 8.95 5.54
2.	singh*et al.* (2013)	Soil+0%Lime Soil+4%Lime Soil+6%Lime	14.00 14.00 12.00	15.49 15.00 14.71	46.30 40.70 38.10	31.00 Non-Plastic Non-Plastic	15.30 - -	-	1.90 11.20 15.20	-	-

Tabela 2.3: Propriedades do solo com pó de tijolo (BD)/pó de tijolo (BP) e aditivo de cal

S.No.	Reference Paper	Mix Used	Parameters Studied								
			OMC (%)	MDD (kN/m^3)	LL (%)	PL (%)	PI (%)	Shrinkage (%)	CBR (%)	UCS (kN/m^2)	Swell Index (%)
1.	Zerdi*et al.*(2016)	Soil	25.33	13.93	66.30	31.56	34.70	-	-	-	-
		Soil+20%BD+10%Lime	21.30	15.99	44.56	25.82	18.74				
		Soil+25%BD+5%Lime	19.30	16.28	42.39	23.24	19.15				
		Soil+35%BD+5%Lime	18.20	16.48	40.02	18.60	21.42				
2.	Akshatha R *et al.* (2016)	Soil + 0%BP	18.00	18.05	-	-	-	-	1.00	-	-
		Soil + 10%BP	17.50	18.54					2.00		
		Soil + 20%BP	17.20	18.63					3.00		
		Soil + 30%BP	16.80	18.73					4.00		
		Soil + 40%BP	16.20	18.83					7.00		
		Soil + 50%BP	16.00	19.22					8.00		
		Soil+0%Lime	18.00	18.05	-	-	-	-	1.00	-	-
		Soil+1%Lime	17.63	18.24					2.00		
		Soil+2%Lime	17.25	18.34					4.00		
		Soil+3%Lime	16.95	18.54					6.00		
		Soil+4%Lime	16.23	18.63					8.00		
		Soil+5%Lime	15.98	18.83					11.00		
		Soil+6%Lime	15.50	19.12					14.00		

S.No.	Reference Paper	Mix Used	Parameters Studied								
			OMC (%)	MDD (kN/m³)	LL (%)	PL (%)	PI (%)	Shrinkage (%)	CBR (%)	UCS (kN/m²)	Swell Index (%)
		Soil+30%BP+0.5%Lime	17.60	18.14					2.00		
		Soil+30%BP+1%Lime	16.90	18.34	-	-	-	-	4.00	-	-
		Soil+30%BP+1.5%Lime	16.30	18.63					8.00		
		Soil+30%BP+2%Lime	15.90	18.83					16.00		
3.	Kumar *et al.* (2016)	Soil+3% Lime +5% BD	16.58	15.99	50.00	32.92	17.01		7.00	164.50	19.00
		Soil+3% Lime +10% BD	15.92	15.99	47.00	32.20	14.70		9.56	166.20	16.25
		Soil+6% Lime +5% BD	15.39	16.08	45.00	32.00	14.69	-	7.32	189.50	14.00
		Soil+6% Lime +10% BD	14.48	16.48	44.00	31.90	14.50		8.54	190.00	3.47
		Soil+6% Lime +15% BD	15.99	10.10	42.00	31.68	14.46		13.70	236.30	7.69
		Soil+6% Lime +20% BD	14.79	16.08	40.00	29.40	10.90		19.13	213.20	3.17
		Soil+6% Lime +25% BD	13.69	16.57	41.00	-	-		7.36	284.20	10.60
		Soil+9% Lime +5% BD	16.30	16.28	37.50	-	-		8.36	213.70	9.50
		Soil+9% Lime +10% BD	15.94	16.08	48.00	25.96	22.04		17.08	260.60	9.50
		Soil+9% Lime +15% BD	15.01	16.48	43.20	-	-	-	21.89	307.20	9.21
		Soil+9% Lime +20% BD	13.58	16.67	41.00	-	-		21.76	354.40	9.18
		Soil+9% Lime +25% BD	14.70	16.48	39.00	-	-		21.90	311.70	9.10

Capítulo 3

MATERIAIS E MÉTODOS

3.1 Generalidades

Este capítulo inclui uma breve descrição dos materiais utilizados no presente estudo. Vários ensaios, realizados em solos e em solos misturados com o aditivo, são brevemente discutidos com os respectivos procedimentos.

3.2 Materiais utilizados

Os materiais selecionados para o presente estudo são descritos a seguir:

3.2.1 Solo

A amostra de solo foi recolhida nos campos de Sitarganj (Khatima), U.S. Nagar (Uttarakhand). O solo foi pulverizado antes da realização dos ensaios. A Fig. 3.1 mostra o solo utilizado no presente estudo.

Fig. 3.1: Amostra de solo

3.2.2 Pó de tijolo (BD)

O pó de tijolo, que é um material local e facilmente disponível, é selecionado para ser misturado com o solo expansivo em diferentes proporções. O pó de tijolo é recolhido nos fornos de Lalpur Road, Rudrapur. A Fig. 3.2 mostra o pó de tijolo utilizado no presente estudo e o Quadro 3.1 mostra a análise química do pó de tijolo.

Fig. 3.2: Amostra de pó de tijolo (BD)

Quadro 3.1 Análise química do pó de tijolo

S.No.	Parameters	Specifications
1	Alumina	20-30%
2	Silica	50-60%
3	Lime	2-5%
4	Oxides of Iron	5-6%
5	Magnesia	<7%

3.2.3 Cal

A cal não hidráulica utilizada foi adquirida no mercado local, com propriedades normalizadas. A Figura 3.3 mostra a cal utilizada no presente estudo proposto. A Tabela 3.2 mostra as propriedades da cal.

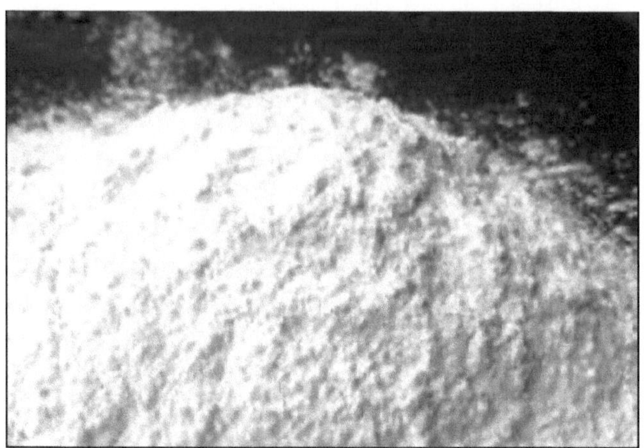

Fig. 3.3: Amostra de cal

Quadro 3.2: Propriedades da cal

Chemical Formula	$Ca(OH)_2$
Molar Mass	74.093g//Mol
Appearance	White Powder
Odor	Odourless
Density	21.68 KN/m^3
Melting point	580 °C (1,076 °F; 853 K), Loses Water, Decomposes
Solubility Product	5.5×10^{-6}
Solubility	Soluble In Glycerol And acids. Insoluble In Alcohol.
Acidity	12.4
Basicity	2.37
Refractive Index	1.574

3.3 Programa experimental

Na primeira fase, as propriedades geotécnicas das amostras de solo serão estudadas através da análise granulométrica, do ensaio de limites de consistência, do ensaio de gravidade específica, do ensaio de compactação, do ensaio da relação de suporte Califórnia e do ensaio de resistência à compressão não confinada. Na segunda fase, o solo misturado com diferentes proporções de pó de tijolo e cal e as propriedades geotécnicas do solo misturado com pó de tijolo e cal serão determinadas. O quadro 3.3 apresenta o programa experimental pormenorizado.

Tabela 3.3: Programa experimental

S. No.	Sample	Tests conducted	No. of tests
1.	Soil	Grain size analysis	1
		Atterberg limit	1
		Specific gravity	1
		Standard proctor test	1
		California bearing ratio test	1
		Unconfined compression strength test	1
2.	Soil+10%BD+4%Lime	Standard proctor test	1
	Soil+10%BD+8%Lime	California bearing ratio test	1
	Soil+10%BD+12%Lime	Unconfined compression strength test	1
3.	Soil+20%BD+4%Lime	Standard proctor test	1
	Soil+20%BD+8%Lime	California bearing ratio test	1
	Soil+20%BD+12%Lime	Unconfined compression strength test	1
4.	Soil+30%BD+4%Lime	Standard proctor test	1
	Soil+30%BD+8%Lime	California bearing ratio test	1
	Soil+30%BD+12%Lime	Unconfined compression strength test	1

3.3.1 Ensaio Proctor Normal

O ensaio proctor padrão é utilizado para determinar o teor de humidade ótimo e a densidade seca máxima do solo. Neste ensaio, o solo misturado com o teor de água inicial é preenchido num molde em três camadas e cada camada é compactada por 25 golpes de um martelo de massa 2,6 kg que cai de uma altura de 310 mm. A densidade seca do solo é determinada e o processo é repetido com o aumento do teor de água no solo compactado. A curva é traçada entre a densidade seca e o teor de água para descobrir o teor de humidade ótimo e a densidade seca máxima.

O "Standard Proctor Test" é realizado de acordo com a IS: 2720 Parte VII-1980 para realizar a experiência.

Fig. 3.4: Molde do ensaio proctor padrão

3.3.2 Ensaio do rácio de suporte da Califórnia

O rácio de suporte de Califórnia é um ensaio de penetração que é utilizado para determinar os valores de CBR da amostra de solo em condições encharcadas e não encharcadas. Neste ensaio, foi inserido um disco deslocador sobre a base do molde e foi colocado papel de filtro no seu topo. A massa de solo com cada camada foi compactada a OMC através de 56 golpes de um compactador de 2,6 kg a uma altura de 310 mm. Após o enchimento, o molde foi virado de cabeça para baixo e o disco deslocador foi removido, depois foi adicionado um peso de sobrecarga de 2,5 kg e o molde foi levado para a máquina CBR. Os medidores de tensão e de deformação foram colocados a zero e foi dada uma carga de assento de 4 a 5 kg. O êmbolo padrão foi empurrado para o solo a uma velocidade de penetração de 1,25 mm/min para efetuar o ensaio CBR. O valor da carga a 2,5 mm e 5,0 mm de penetração é registado. Para obter leituras da amostra embebida, o molde foi colocado em água durante 4 dias e as observações foram registadas conforme explicado acima.

O "California Bearing Ratio Test" é realizado de acordo com a IS: 2720 Parte XVI-1987 para descobrir o valor do CBR em condições encharcadas e não encharcadas.

Fig. 3.5: Máquina de ensaio de CBR Fig. 3.6: Molde do ensaio CBR

3.3.3 Ensaio de resistência à compressão não confinada

O ensaio de resistência à compressão não confinada é um dos ensaios mais rápidos utilizados para a determinação da resistência ao cisalhamento de solos coesivos. É um caso especial do ensaio de compressão triaxial em que a pressão de confinamento é nula. Neste ensaio, a amostra de solo é submetida à tensão principal principal até a amostra falhar por cisalhamento num plano inclinado ou por abaulamento. O "ensaio de resistência à compressão não confinada" é efectuado de acordo com a norma IS: 2720 Parte X-1991 para realizar a experiência.

Fig. 3.7: Máquina de ensaio de resistência à compressão

Capítulo 4

RESULTADOS E DEBATES

4.1 Generalidades

Este capítulo apresenta os resultados de vários ensaios laboratoriais efectuados no solo e no solo misturado com diferentes proporções de pó de tijolo (BD) e cal. Para além disso, estes resultados foram discutidos para se tirarem conclusões.

4.2 Parâmetros geotécnicos do solo

Os seguintes ensaios foram efectuados em solo seco em estufa.

4.2.1 Análise granulométrica

A análise granulométrica do solo foi efectuada de acordo com a norma IS: 2720 Parte IV-1985.

A Fig. 4.1 mostra um gráfico típico da distribuição granulométrica das amostras de solo de ensaio.

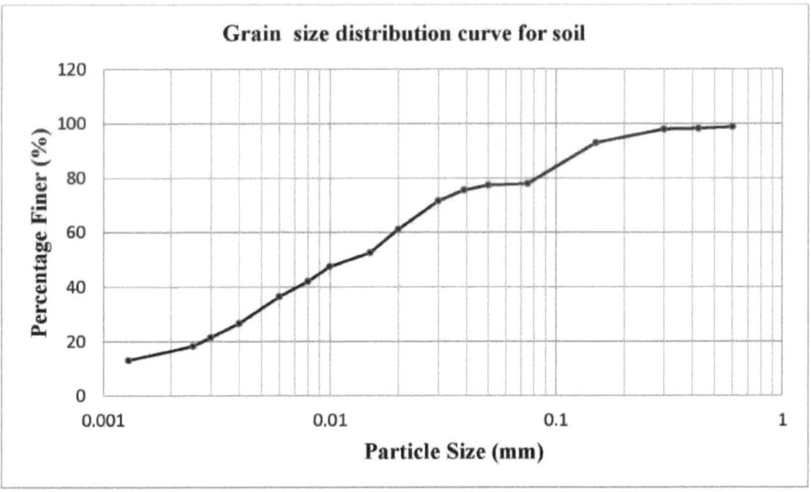

Fig. 4.1: Curva de distribuição granulométrica do solo

A partir deste gráfico, as percentagens das dimensões das partículas são as seguintes

- Argila - 17,50%
- Silte - 59,00%

- Areia-23.50%

4.2.2 Limites de Atterberg

De acordo com a norma IS 2720 Parte IV-1985, o limite líquido, o limite plástico e o limite de retração foram realizados no solo 'Sitarganj' para determinar os limites de atterberg. A Fig. 4.2 mostra o gráfico da análise do limite líquido do solo.

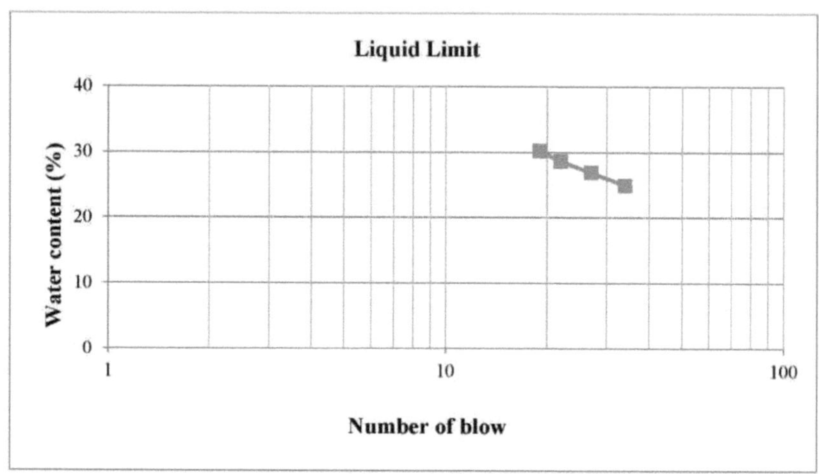

Fig. 4.2: Curva de fluxo do solo

O limite líquido do solo foi observado em 28,30% nesta parcela. O limite plástico do solo foi de 16,10%. O índice de plasticidade (PI) do solo foi de 12,20%. O limite de retração do solo foi de 16,34%.

4.2.3 Gravidade específica

O teste de gravidade específica foi realizado de acordo com a IS: 2720 Parte III-Secção I/II-1980 por um aparelho picnómetro na amostra de solo. A gravidade específica do solo foi observada como 2,54.

4.2.4 Ensaio Proctor Normal

Depois de descobrir as propriedades de engenharia do solo, o teste proctor padrão foi realizado de acordo com a IS: 2720 Parte VII-1980. A partir da Fig. 4.3, é evidente que a densidade seca máxima e o teor de humidade ótimo da amostra de solo foram 17,98 kN/m^3 e 16,68%, respetivamente.

Os gráficos da relação entre a densidade seca e o teor de água do solo são apresentados na figura 4.3.

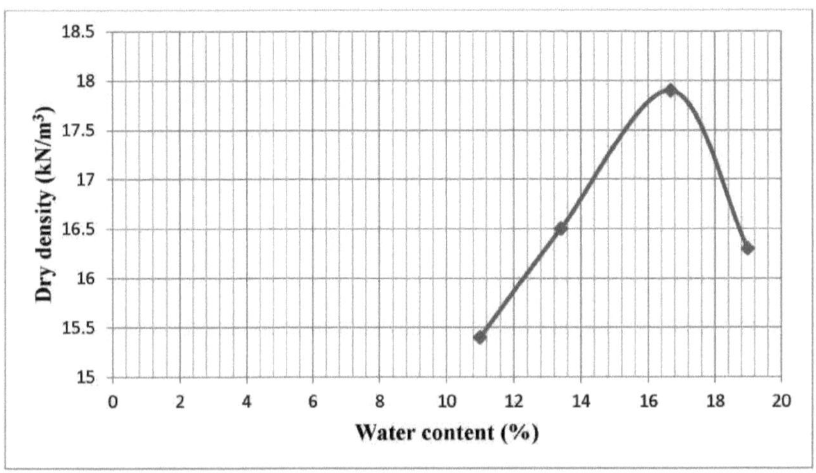

Fig. 4.3: Relação entre a densidade seca e o teor de água do solo

4.2.5 Teste do rácio de suporte da Califórnia

O ensaio da razão de suporte de Califórnia foi realizado na amostra de solo para condições não encharcadas e encharcadas, de acordo com IS: 2720 Parte XVI-1987. As Figs. 4.4 e 4.5 mostram os gráficos do ensaio do rácio de suporte de Califórnia no solo. Os valores do CBR em condições não embebidas e embebidas foram de 3,54% e 1,36%, respetivamente.

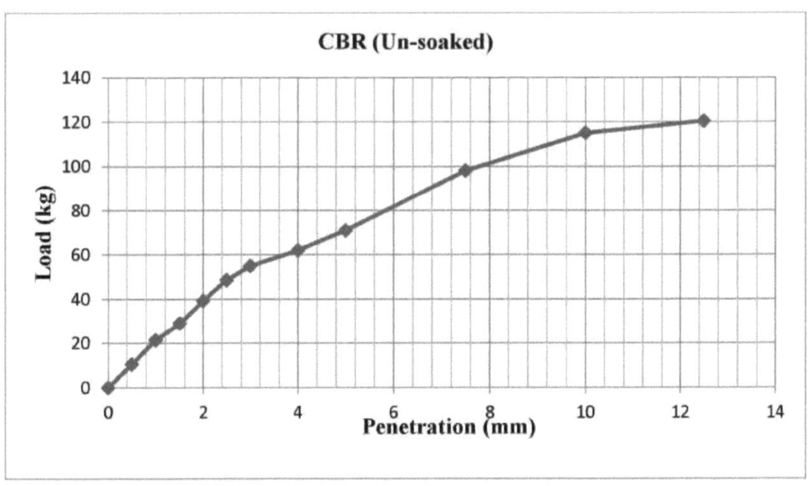

Fig. 4.4: Curva de penetração de carga do solo (Não encharcado)

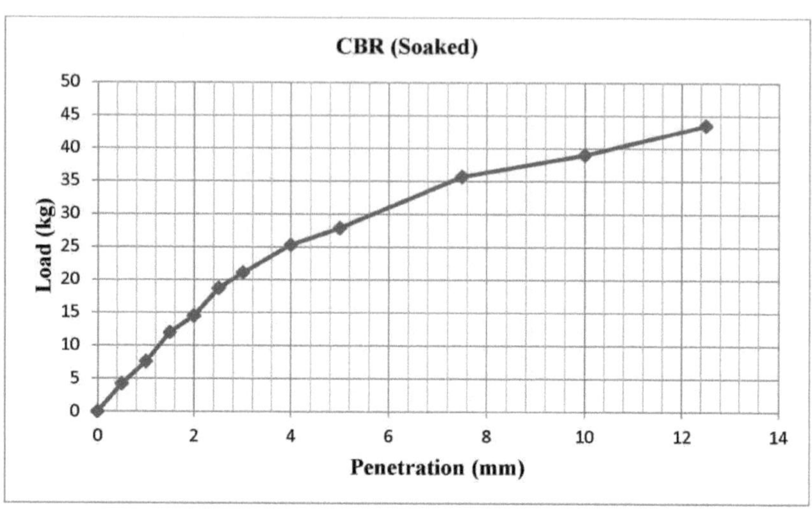

Fig. 4.5: Curva de penetração de carga do solo (encharcado)

4.2.6 Ensaio de resistência à compressão não confinada

O ensaio de resistência à compressão não confinada foi efectuado no solo de acordo com a IS: 2720 Parte X-1991. As Figs. 4.6, 4.7 e 4.8 mostram a curva de resistência à compressão não confinada da amostra de solo.

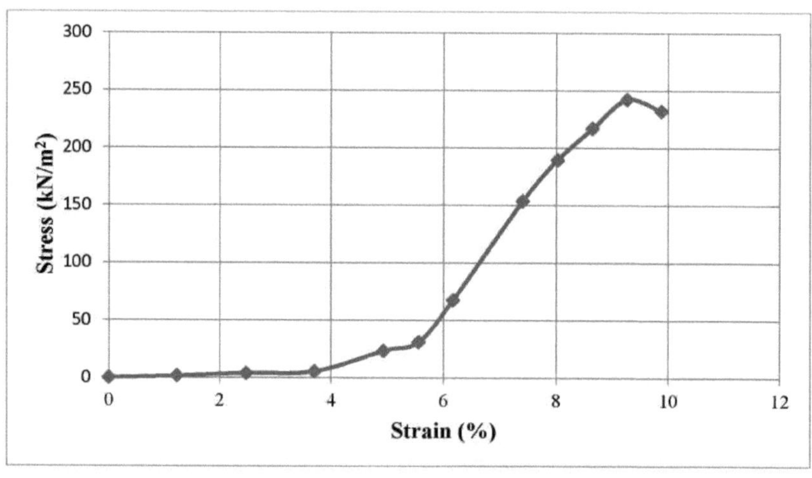

Fig. 4.6: Relação tensão-deformação do solo para 0 dias

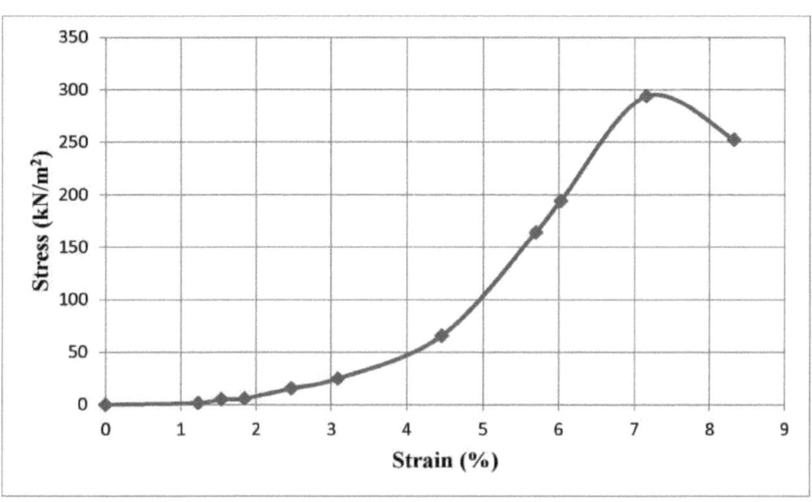

Fig. 4.7: Relação tensão-deformação do solo durante 7 dias

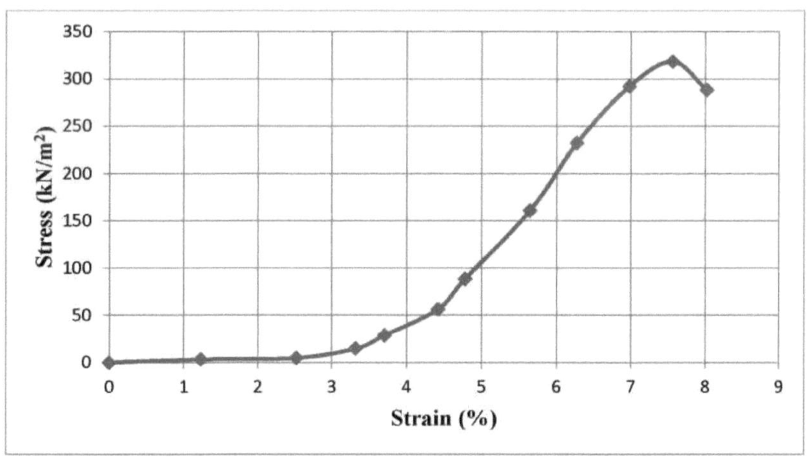

Fig. 4.8: Relação tensão-deformação do solo durante 14 dias

A partir das Figs. 4.6, 4.7 e 4.8, a resistência à compressão não confinada do solo foi observada como 242,00 kN/m^2 , 294,00 kN/m^2 e 318,00 kN/m^2 aos 0 dias, 7 dias e 14 dias, respetivamente.

Tabela 4.1: Propriedades físicas do solo

Parameters	**Results**
Grain size distribution: Clay size fraction (%) Silt size fraction (%) Sand size fraction (%) Soil type as per IS: 1498-1970	 17.50 59.00 23.50 CL
Liquid limit (%)	28.30
Plastic limit (%)	16.10
Shrinkage limit (%)	16.34
Plasticity index (%)	12.20
Specific gravity	2.54
Maximum dry density, MDD (kN/m^3)	17.98
Optimum moisture content, OMC (%)	16.68
California bearing ratio value (CBR): Unsoaked (%) Soaked (%)	 3.54 1.36
Unconfined compressive strength (kN/m^2) a. 0 Days b. 7 Days c. 14 Days	 242 294 318

4.3 Resultados do ensaio Proctor Standard

Foram efectuados testes Proctor padrão com várias percentagens de pó de tijolo e cal misturados no solo. O ensaio é utilizado para determinar o teor de humidade ideal e a densidade seca máxima da amostra através da realização de um ensaio de compactação ligeira.

4.3.1 Uma mistura de terra com 10% de pó de tijolo e 4% de cal

A Fig. 4.9 mostra o gráfico do ensaio proctor padrão para o solo misturado com 10% de pó de tijolo (BD) e 4% de cal.

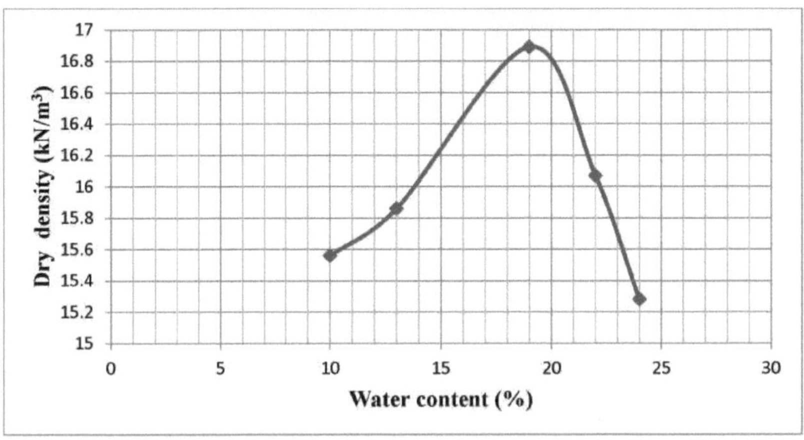

Fig. 4.9: Relação entre a densidade seca e o teor de água do solo com 10% de BD e 4% de cal

A partir da Fig. 4.9, observou-se que a amostra com um teor de água de 19% atingiu uma densidade seca máxima de 16,89 kN/m^3 e a densidade mostrou uma tendência decrescente para além do teor de água de 19%.

4.3.2 Uma mistura de terra com 10% de pó de tijolo e 8% de cal

A Fig. 4.10 mostra o gráfico do ensaio proctor padrão para o solo misturado com 10% de pó de tijolo (BD) e 8% de cal

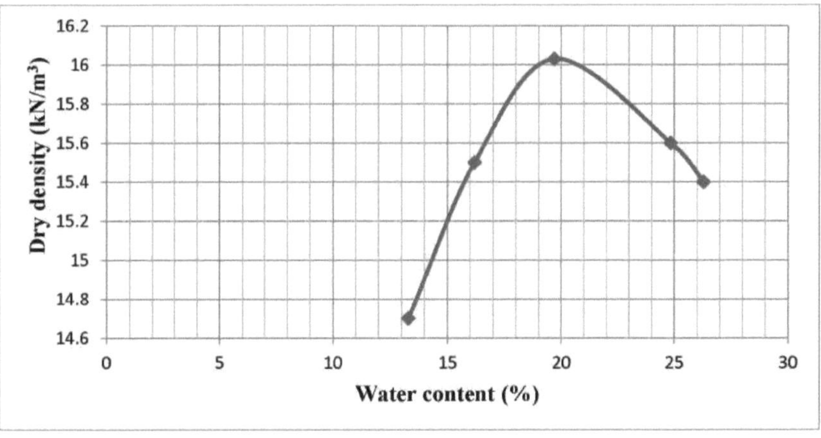

Fig. 4.10: Relação entre a densidade seca e o teor de água do solo com 10% de BD e 8% de cal

A partir da Fig. 4.10, observou-se que a amostra com 19,7% de teor de água atingiu a densidade seca máxima de 16,03 kN/m^3 e a densidade mostrou uma tendência decrescente para além de 19,7% de teor de água.

4.3.3 Uma mistura de solo com 10% de pó de tijolo e 12% de cal

A Fig. 4.11 mostra o gráfico do ensaio proctor padrão para o solo misturado com 10% de pó de tijolo (BD) e 12% de cal

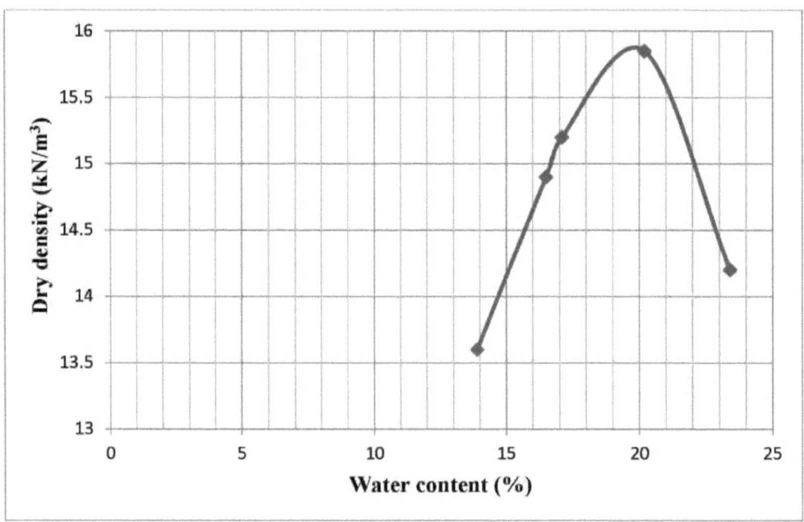

Fig. 4.11: Relação entre a densidade seca e o teor de água do solo com 10% de BD e 12% de cal

A partir da Fig. 4.11, observou-se que a amostra com 20,2% de teor de água atingiu a densidade seca máxima de 15,85 kN/m^3 e a densidade mostrou uma tendência decrescente para além de 20,2% de teor de água.

4.3.4 Uma mistura de terra com 20% de pó de tijolo e 4% de cal

A Fig. 4.12 mostra o gráfico do ensaio proctor padrão para o solo misturado com 20% de pó de tijolo (BD) e 4% de cal

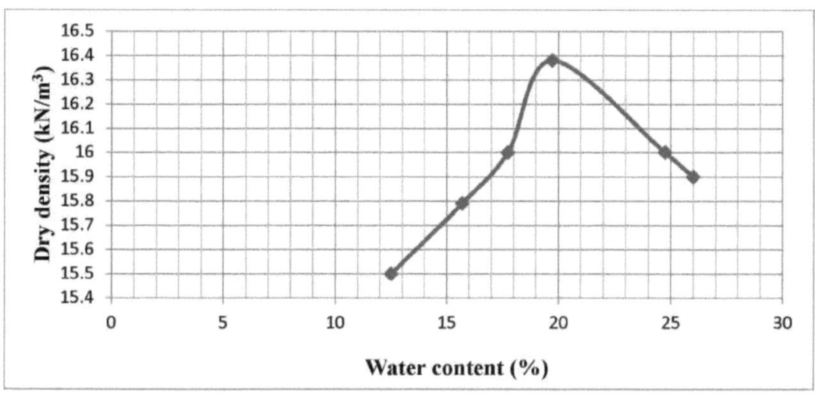

Fig. 4.12: Relação entre a densidade seca e o teor de água do solo com 20% de BD e 4% de cal

A partir da Fig. 4.12, observou-se que a amostra com 19,73% de teor de água atingiu a densidade seca máxima de 16,38 kN/m^3 e a densidade mostrou uma tendência decrescente para além de 19,73% de teor de água.

4.3.5 Uma mistura de solo com 20% de pó de tijolo e 8% de cal

A Fig. 4.13 mostra o gráfico do ensaio proctor padrão para o solo misturado com 20% de pó de tijolo (BD) e 8% de cal.

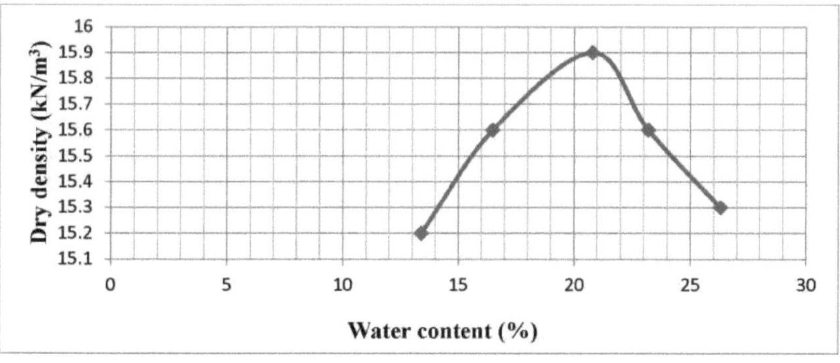

Fig. 4.13: Relação entre a densidade seca e o teor de água do solo com 20% de BD e 8% de cal

A partir da Fig. 4.13, observou-se que a amostra com 20,8% de teor de água atingiu a densidade seca máxima de 15,9 kN/m^3 e a densidade mostrou uma tendência decrescente para além de 20,8% de teor de água.

4.3.6 Uma mistura de solo com 20% de pó de tijolo e 12% de cal

A Fig. 4.14 mostra o gráfico do ensaio proctor padrão para o solo misturado com 20% de pó de tijolo (BD) e 12% de cal

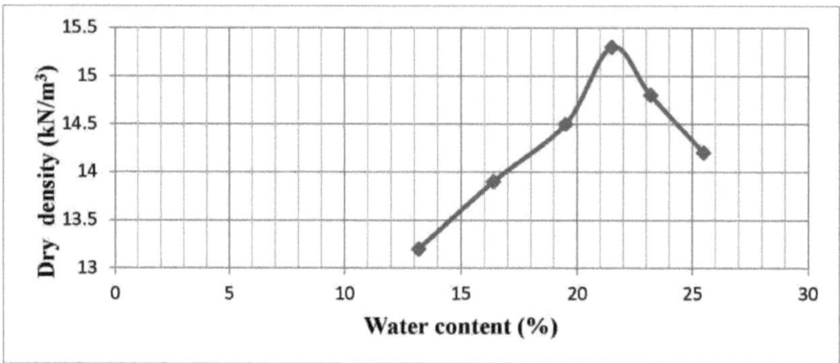

Fig. 4.14: Relação entre a densidade seca e o teor de água do solo com 20% de BD e 12% de cal

A partir da Fig. 4.14, observou-se que a amostra com 21,5% de teor de água atingiu a densidade seca máxima de 15,30 kN/m^3 e a densidade mostrou uma tendência decrescente para além de 21,5% de teor de água.

4.3.7 Uma mistura de solo com 30% de pó de tijolo e 4% de cal

A Fig. 4.15 mostra o gráfico do ensaio proctor padrão para o solo misturado com 30% de pó de tijolo (BD) e 4% de cal.

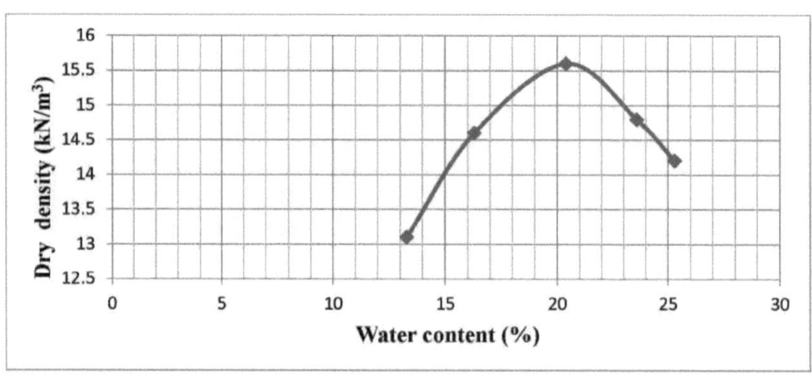

Fig. 4.15: Relação entre a densidade seca e o teor de água do solo com 30% de BD e 4% de cal

A partir da Fig. 4.15, observou-se que a amostra com 20,4% de teor de água atingiu uma densidade seca máxima de 15,60 kN/m^3 e a densidade mostrou uma tendência decrescente para além de 20,4% de teor de água.

4.3.8 Uma mistura de solo com 30% de pó de tijolo e 8% de cal

A Fig. 4.16 mostra o gráfico do ensaio proctor padrão para o solo misturado com 30% de pó de tijolo (BD) e 8% de cal.

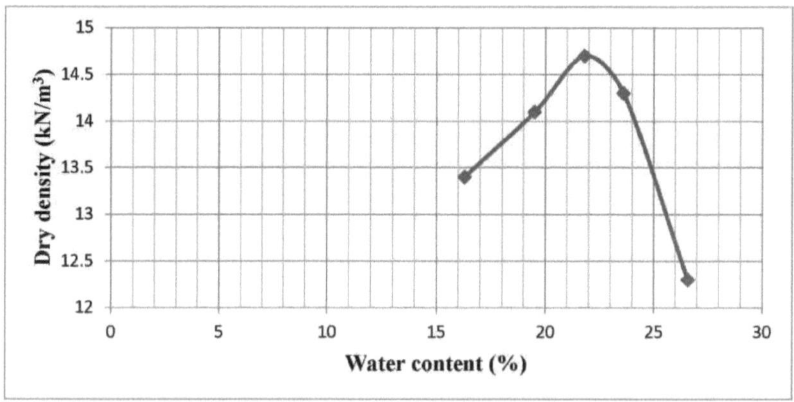

Fig. 4.16: Relação entre a densidade seca e o teor de água do solo com 30% de BD e 8% de cal

A partir da Fig. 4.16, observou-se que a amostra com 21,8% de teor de água atingiu uma densidade seca máxima de 14,7 kN/m^3 e a densidade mostrou uma tendência decrescente para além de 21,8% de teor de água.

4.3.9 Uma mistura de solo com 30% de pó de tijolo e 12% de cal

A Fig. 4.17 mostra o gráfico do ensaio proctor padrão para o solo misturado com 30% de tijolo poeira (BD) e 12% de cal.

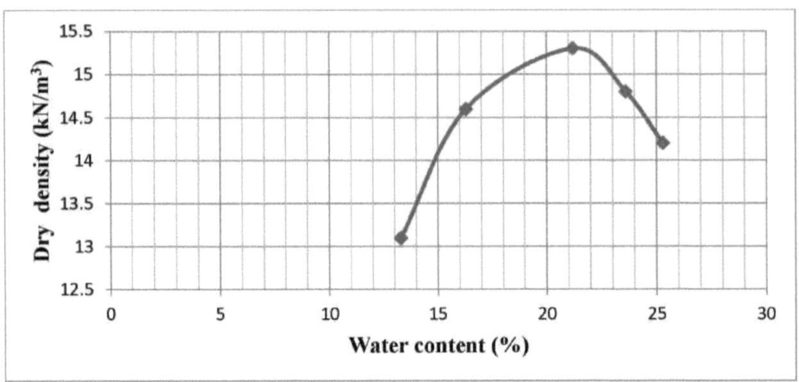

Fig. 4.17: Relação entre a densidade seca e o teor de água do solo com 30% de BD e 12% de cal

A partir da Fig. 4.17, observou-se que a amostra com 21,2% de teor de água atingiu a densidade seca máxima de 15,30 kN/m^3 e a densidade mostrou uma tendência decrescente para além de 21,2% de teor de água.

4.3.10 Resumo dos resultados

Os resultados obtidos após o ensaio proctor padrão para cada mistura de solo, pó de tijolo (BD) e cal foram resumidos na Tabela 4.2. A partir dos gráficos acima, os valores de OMC e MDD são apresentados na Tabela 4.2.

Quadro 4.2: Valores OMC e MDD do solo com pó de tijolo e cal

Material	OMC (%)	MDD (KN/m^3)
Soil + 10% BD+4%lime	19.00	16.89
Soil + 10% BD+8%lime	19.70	16.03
Soil + 10% BD+12%lime	20.20	15.85
Soil + 20% BD+4%lime	19.73	16.38
Soil + 20% BD+8%lime	20.80	15.90
Soil + 20% BD+12%lime	21.50	15.30
Soil + 30% BD+4%lime	20.40	15.60
Soil + 30% BD+8%lime	21.80	14.70
Soil + 30% BD+12%lime	21.20	15.30

A Fig. 4.18 mostra a variação da densidade seca máxima com o aumento da percentagem de cal a uma taxa constante de pó de tijolo.

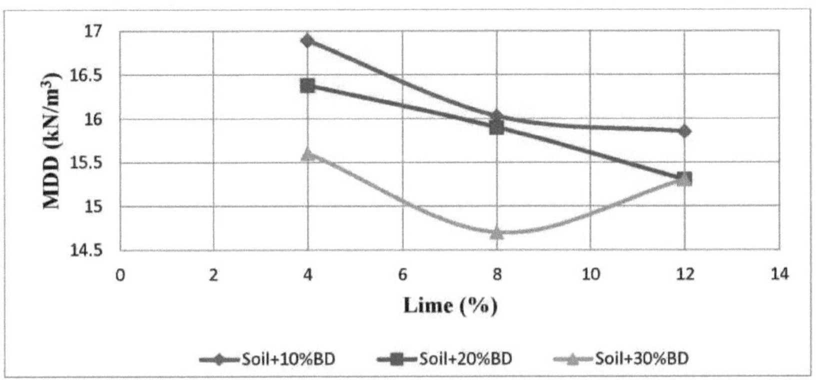

Fig. 4.18: Variação do MDD com diferentes percentagens de cal a pó de tijolo constante (10%, 20% e 30%)

4.4 Resultados do ensaio do rácio de suporte da Califórnia

Foram efectuados ensaios de razão de suporte Califórnia para determinar a resistência do solo que se propunha utilizar na construção de um aterro. Estes ensaios foram efectuados em condições não encharcadas e encharcadas de amostras de solo misturadas com pó de tijolo (BD) e cal.

4.4.1 Uma mistura de terra com 10% de pó de tijolo e 4% de cal

As Figs. 4.19 e 4.20 mostram os gráficos dos ensaios do rácio de suporte Califórnia para as condições não embebidas e embebidas do solo misturado com 10% de pó de tijolo e 4% de cal.

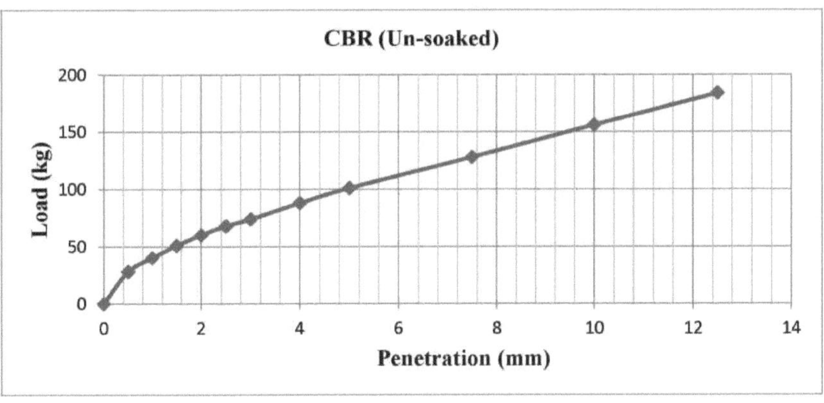

Fig. 4.19: Curva de penetração de carga do solo com 10% de BD e 4% de cal (não encharcado)

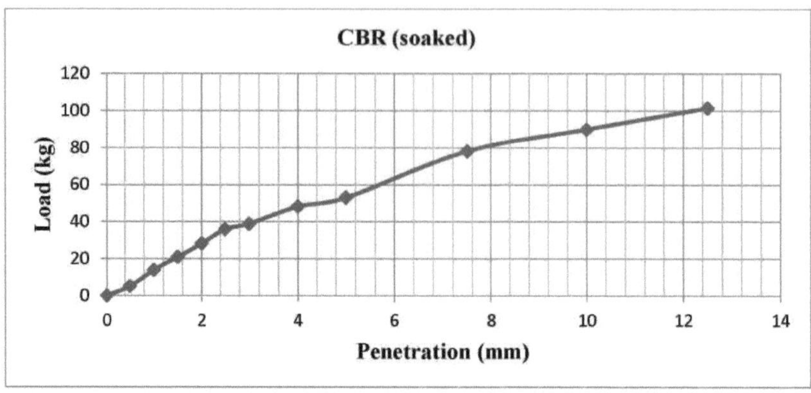

Fig. 4.20: Curva de penetração de carga do solo com 10% de BD e 4% de cal (embebido)

A partir das Figs. 4.19 e 4.20, observou-se que o valor do CBR em condições não encharcadas e encharcadas foi de 4,96% e 2,62%, respetivamente.

4.4.2 Uma mistura de solo com 10% de pó de tijolo e 8% de cal

As Figs. 4.21 e 4.22 mostram os gráficos dos ensaios do rácio de suporte Califórnia para as condições não embebidas e embebidas do solo misturado com 10% de pó de tijolo e 8% de cal.

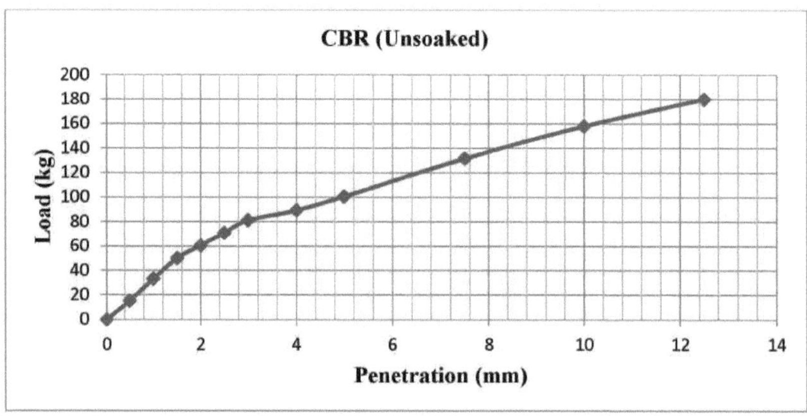

Fig. 4.21: Curva de penetração de carga do solo com 10% de BD e 8% de cal (não encharcado)

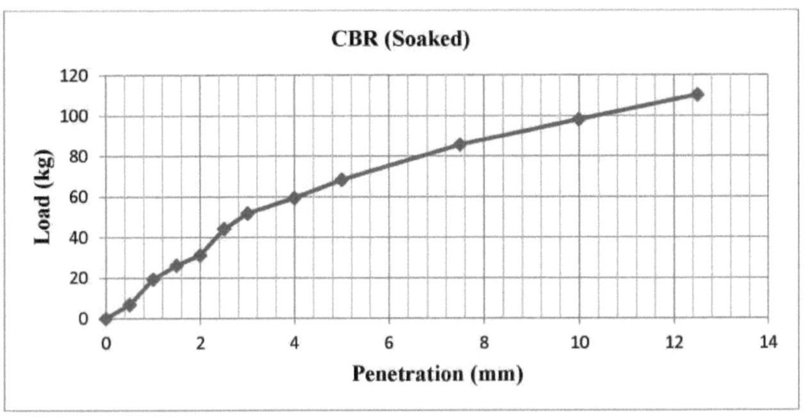

Fig. 4.22: Curva de penetração de carga do solo com 10% de BD e 8% de cal (embebido)

A partir das Figs. 4.21 e 4.22, observou-se que o valor do CBR em condições não encharcadas e encharcadas foi de 5,16% e 3,23%, respetivamente.

4.4.3 Uma mistura de solo com 10% de pó de tijolo e 12% de cal

As Figs. 4.23 e 4.24 mostram os gráficos dos ensaios do rácio de suporte Califórnia para as condições não embebidas e embebidas do solo misturado com 10% de pó de tijolo e 12% de cal.

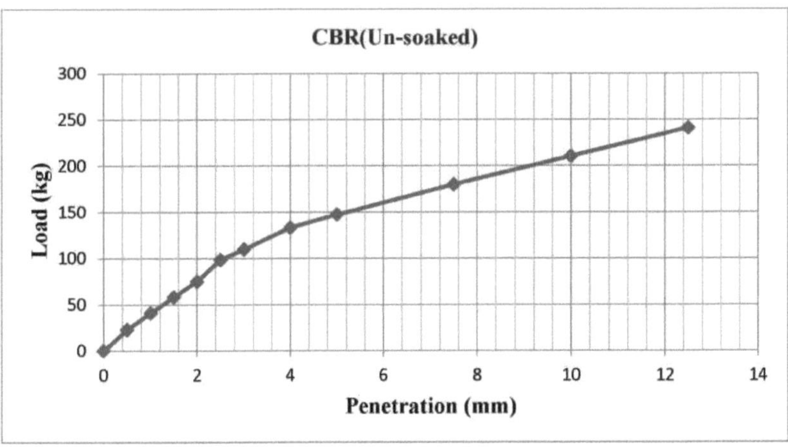

Fig. 4.23: Curva de penetração de carga do solo com 10% de BD e 12% de cal (não encharcado)

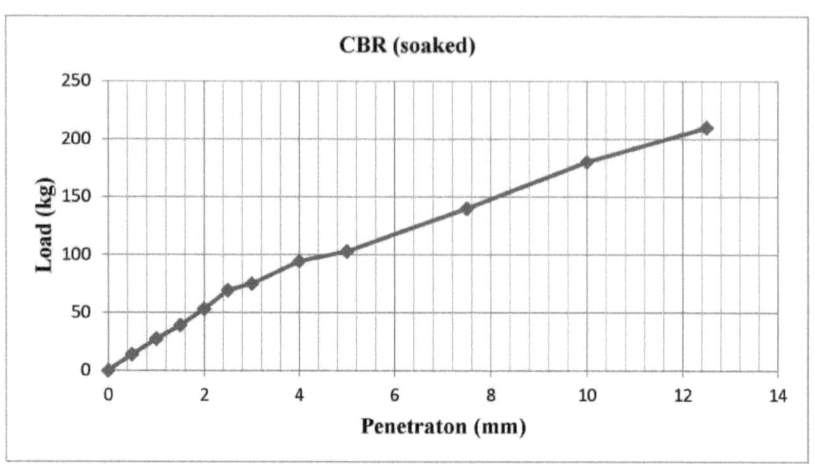

Fig. 4.24: Curva de penetração de carga do solo com 10% de BD e 12% de cal (embebido)

A partir das Figs. 4.23 e 4.24, observou-se que o valor do CBR em condições não encharcadas e encharcadas foi de 7,20% e 5,05%, respetivamente.

4.4.4 Uma mistura de solo com 20% de pó de tijolo e 4% de cal

As Figs. 4.25 e 4.26 mostram os gráficos dos ensaios do rácio de suporte Califórnia para o estado não encharcado e encharcado do solo misturado com 20% de pó de tijolo e 4% de cal.

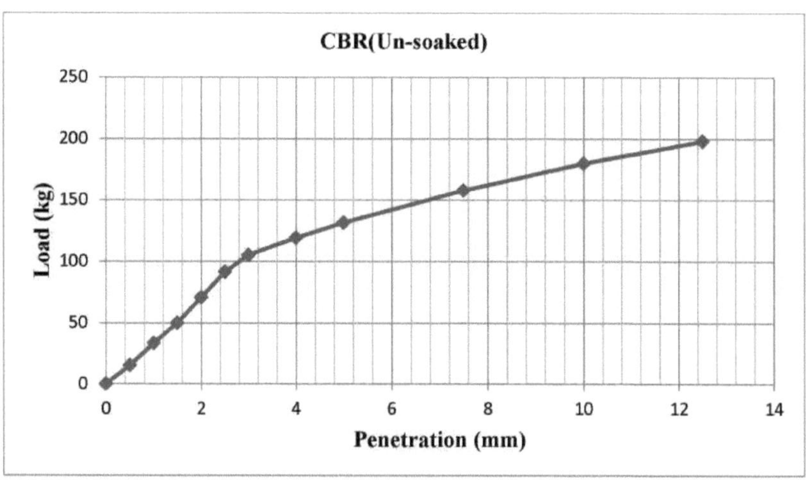

Fig. 4.25: Curva de penetração de carga do solo com 20% de BD e 4% de cal (não encharcado)

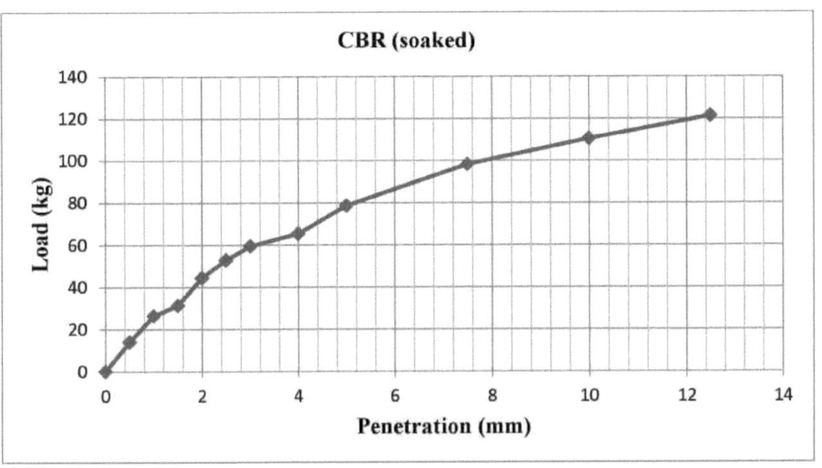

Fig. 4.26: Curva de penetração de carga do solo com 20% de BD e 4% de cal (embebido)

A partir das Figs. 4.25 e 4.26, observou-se que o valor do CBR em condições não encharcadas e encharcadas foi de 6,67% e 3,85%, respetivamente.

4.4.5 Uma mistura de solo com 20% de pó de tijolo e 8% de cal

As Figs. 4.27 e 4.28 mostram os gráficos dos ensaios do rácio de suporte Califórnia para as condições não embebidas e embebidas do solo misturado com 20% de pó de tijolo e 8% de cal.

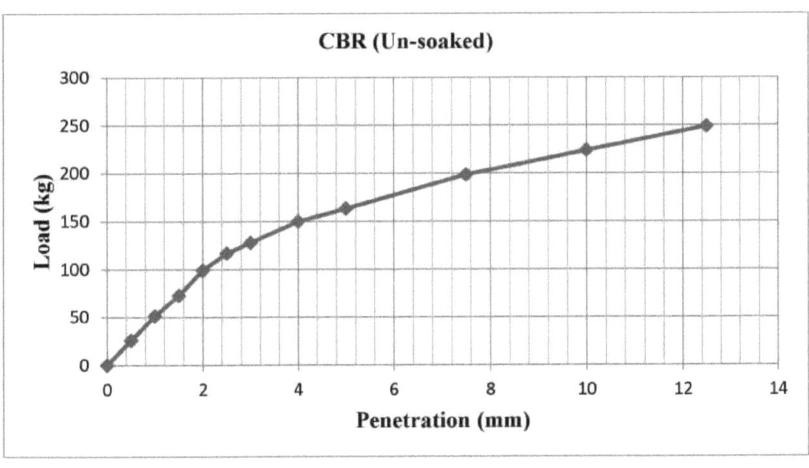

Fig. 4.27: Curva de penetração de carga do solo com 20% de BD e 8% de cal (não encharcado)

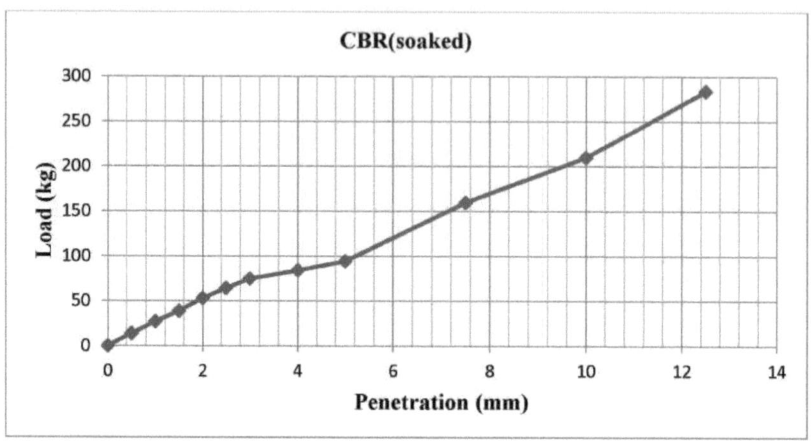

Fig. 4.28: Curva de penetração de carga do solo com 20% de BD e 8% de cal (embebido)

A partir das Figs. 4.27 e 4.28, observou-se que o valor do CBR em condições não encharcadas e encharcadas foi de 8,51% e 4,69%, respetivamente.

4.4.6 Uma mistura de solo com 20% de pó de tijolo e 12% de cal

As Figs. 4.29 e 4.30 mostram os gráficos dos ensaios do rácio de suporte Califórnia para as condições não embebidas e embebidas do solo misturado com 20% de pó de tijolo e 12% de cal.

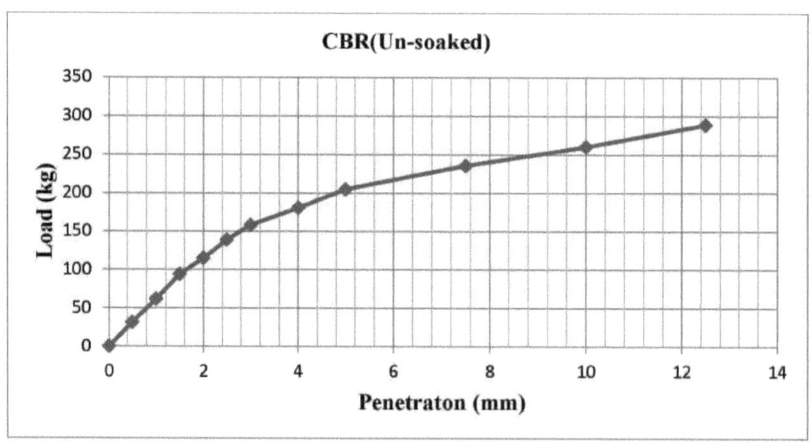

Fig. 4.29: Curva de penetração de carga do solo com 20% de BD e 12% de cal (não encharcado)

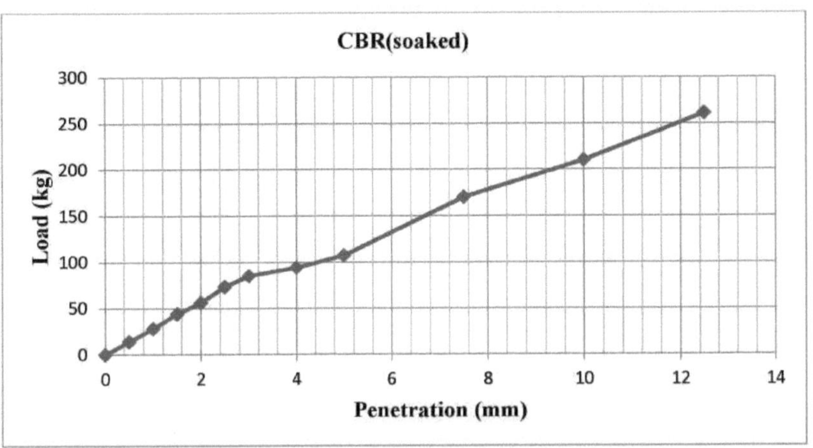

Fig. 4.30: Curva de penetração de carga do solo com 20% de BD e 12% de cal (embebido)

A partir das Figs. 4.29 e 4.30, observou-se que o valor do CBR em condições não encharcadas e encharcadas foi de 10,14% e 5,33%, respetivamente.

4.4.7 Uma mistura de solo com 30% de pó de tijolo e 4% de cal

As Figs. 4.31 e 4.32 mostram os gráficos dos ensaios do rácio de suporte Califórnia para o estado não encharcado e encharcado do solo misturado com 30% de pó de tijolo e 4% de cal.

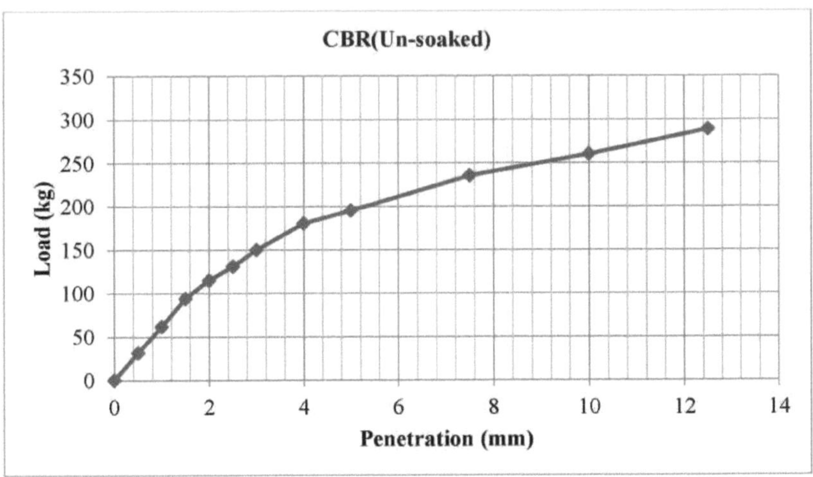

Fig. 4.31: Curva de penetração de carga do solo com 30% de BD e 4% de cal (não encharcado)

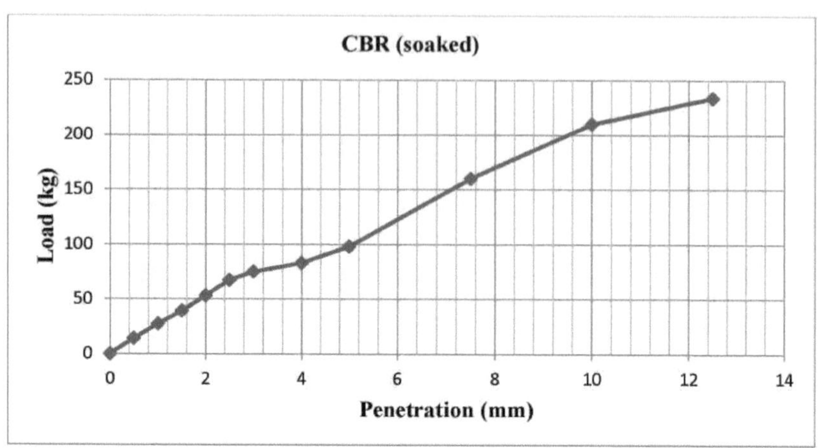

Fig. 4.32: Curva de penetração de carga do solo com 30% de BD e 4% de cal (embebido)

A partir das Figs. 4.31 e 4.32, observou-se que o valor do CBR em condições não encharcadas e encharcadas foi de 9,55% e 4,91%, respetivamente.

4.4.8 Uma mistura de solo com 30% de pó de tijolo e 8% de cal

As Figs. 4.33 e 4.34 mostram os gráficos dos ensaios do rácio de suporte Califórnia para as condições não embebidas e embebidas do solo misturado com 30% de pó de tijolo e 8% de cal.

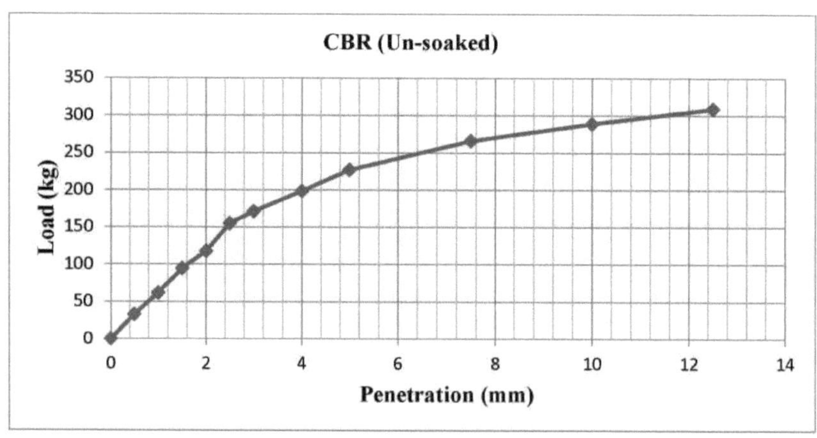

Fig. 4.33: Curva de penetração de carga do solo com 30% de BD e 8% de cal (não encharcado)

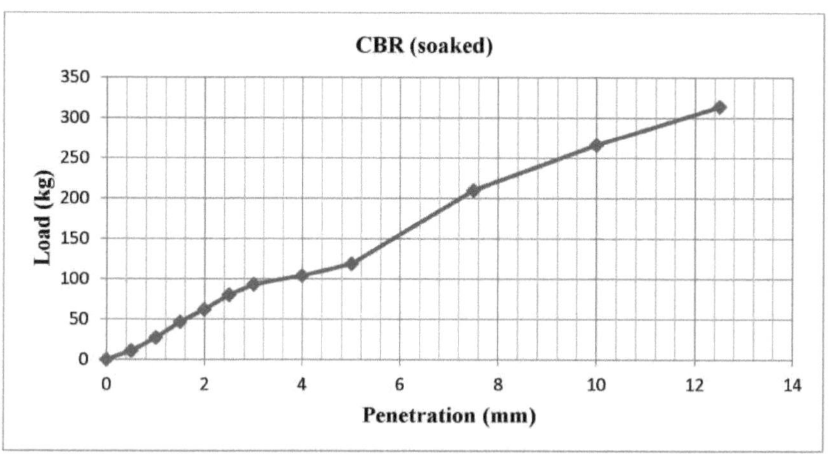

Fig. 4.34: Curva de penetração de carga do solo com 30% de BD e 8% de cal (embebido)

A partir das Figs. 4.33 e 4.34, observou-se que o valor do CBR em condições não encharcadas e encharcadas foi de 11,30% e 5,84%, respetivamente.

4.4.9 Uma mistura de solo com 30% de pó de tijolo e 12% de cal

As Figs. 4.35 e 4.36 mostram os gráficos dos ensaios do rácio de suporte Califórnia para as condições não embebidas e embebidas do solo misturado com 30% de pó de tijolo e 12% de cal.

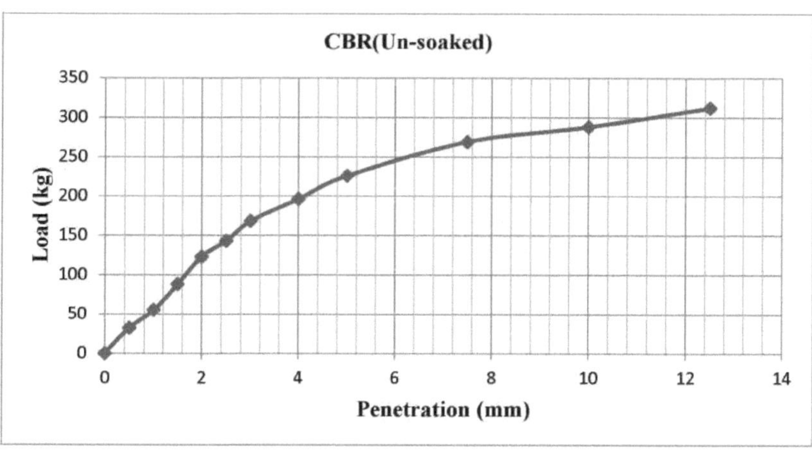

Fig. 4.35: Curva de penetração de carga do solo com 30% de BD e 12% de cal (não encharcado)

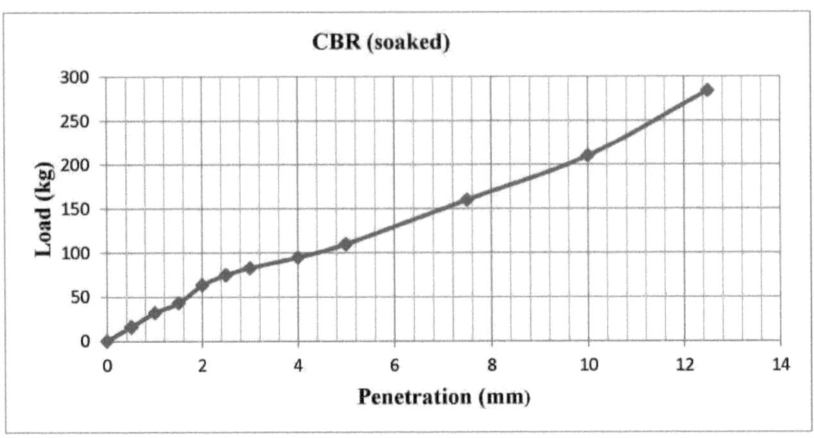

Fig. 4.36: Curva de penetração de carga do solo com 30% de BD e 12% de cal (embebido)

A partir das Figs. 4.35 e 4.36, observou-se que o valor do CBR em condições não encharcadas e encharcadas foi de 10,43% e 5,47%, respetivamente.

4.4.10 Resumo dos resultados

A partir dos resultados acima, os valores de CBR estão resumidos na Tabela 4.3 para condições não encharcadas e encharcadas.

Tabela 4.3: Valores CBR do solo com pó de tijolo e cal

Material	CBR Values (%)	
	Un-soaked	soaked
Soil + 10% BD+4%lime	4.96	2.62
Soil + 10% BD+8%lime	5.16	3.23
Soil + 10% BD+12%lime	7.20	5.05
Soil + 20% BD+4%lime	6.67	3.85
Soil + 20% BD+8%lime	8.51	4.69
Soil + 20% BD+12%lime	10.14	5.33
Soil + 30% BD+4%lime	9.55	4.91
Soil + 30% BD+8%lime	11.30	5.84
Soil + 30% BD+12%lime	10.43	5.47

As Figs. 4.37 e 4.38 mostram a variação do valor do CBR para a condição não encharcada e encharcada com o aumento da percentagem de cal.

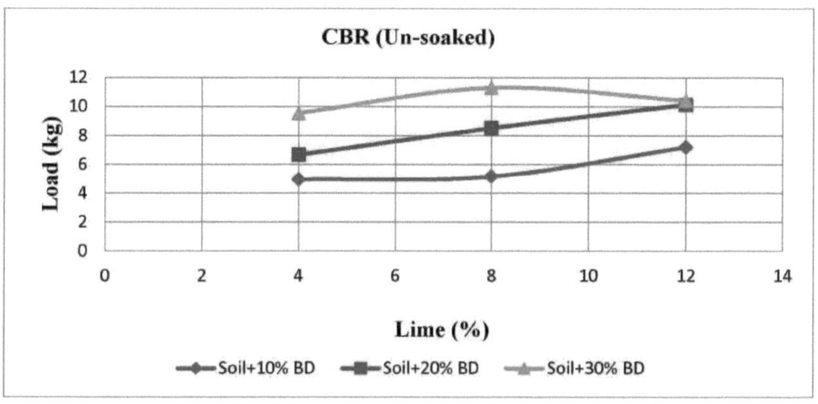

Fig. 4.37: Variação do CBR (não embebido) com diferentes percentagens de cal a pó de tijolo constante (10%, 20% e 30%)

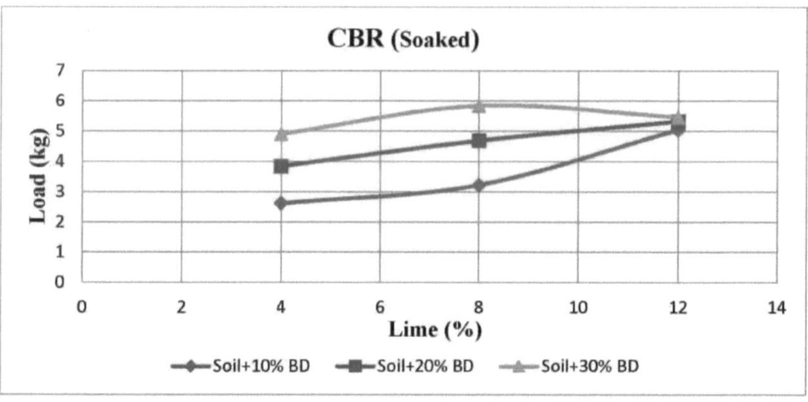

Fig. 4.38: Variação do CBR (embebido) com diferentes percentagens de cal a pó de tijolo constante (10%, 20% e 30%)

4.5 Resultados do ensaio de resistência à compressão não confinada

O ensaio de resistência à compressão não confinada é um caso especial do ensaio triaxial. Foi utilizado para determinar o valor UCS da amostra de solo misturada com várias proporções de pó de tijolo e cal aos 0, 7 e 14 dias.

4.5.1 Uma mistura de solo com 10% de pó de tijolo (BD) e 4% de cal

As Figs. 4.39, 4.40 e 4.41 mostram os gráficos do ensaio de resistência à compressão não confinada para a amostra de solo misturada com 10% de pó de tijolo e 4% de cal.

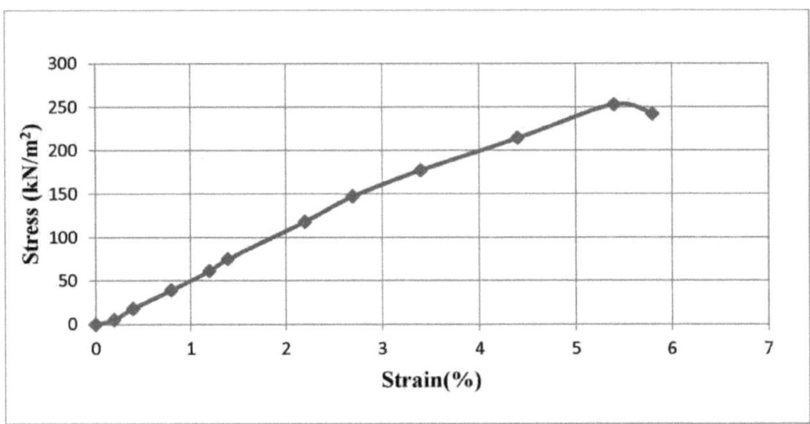

Fig. 4.39: Relação tensão-deformação do solo com 10% de BD e 4% de cal durante 0 dias

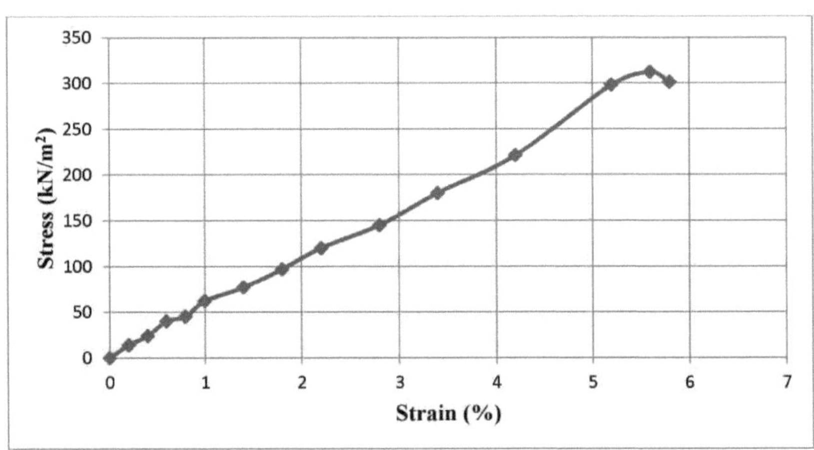

Fig. 4.40: Relação tensão-deformação do solo com 10% de BD e 4% de cal durante 7 dias

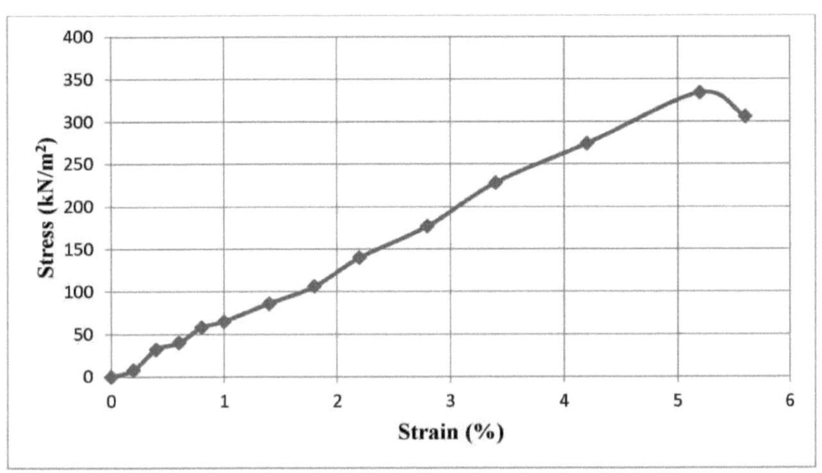

Fig. 4.41: Relação tensão-deformação do solo com 10% de BD e 4% de cal durante 14 dias

A partir das Figs. 4.39, 4.40 e 4.41, o valor UCS da amostra de solo com 10% BD e 4% Cal foi observado como sendo 253 kN/m^3 , 312 kN/m^3 e 334 kN/m^3 para 0, 7 e 14 dias respetivamente.

4.5.2 Uma mistura de terra com 10% de pó de tijolo e 8% de cal

As Figs. 4.42, 4.43 e 4.44 mostram os gráficos do ensaio de resistência à compressão não confinada para a amostra de solo misturada com 10% de pó de tijolo e 8% de cal.

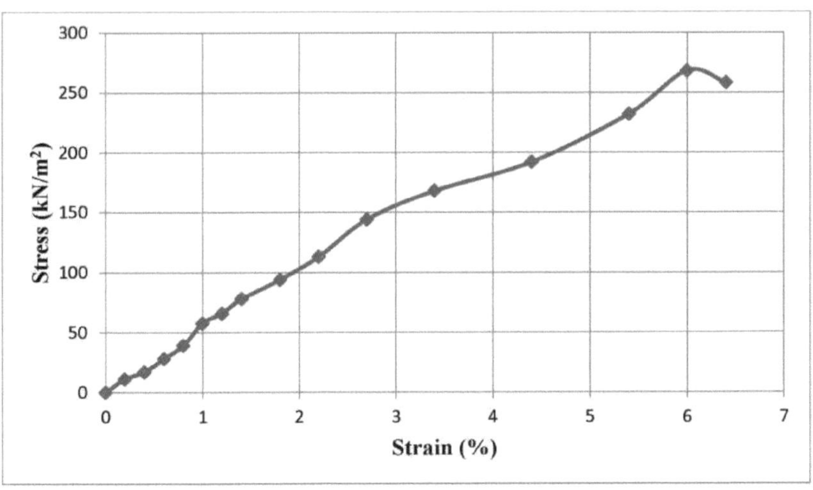

Fig. 4.42: Relação tensão-deformação do solo com 10% de BD e 8% de cal durante 0 dias

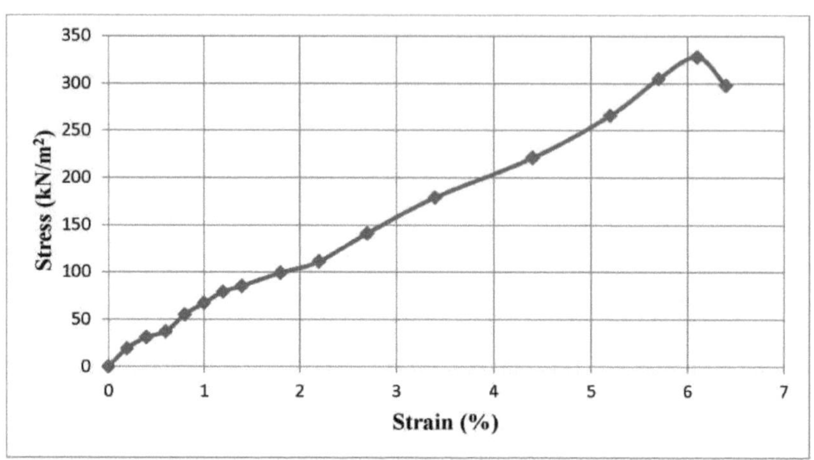

Fig. 4.43: Relação tensão-deformação do solo com 10% de BD e 8% de cal durante 7 dias

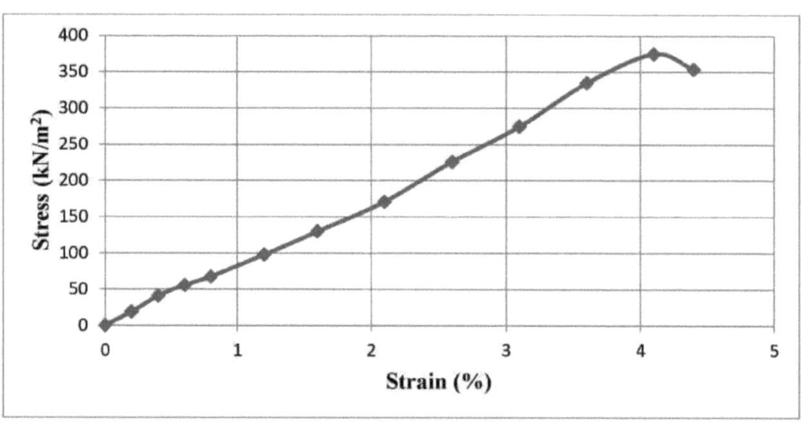

Fig. 4.44: Relação tensão-deformação do solo com 10% de BD e 8% de cal durante 14 dias

A partir das Figs. 4.42, 4.43 e 4.44, o valor UCS da amostra de solo com 10% BD e 8% Cal foi encontrado 268 kN/m^3 , 328 kN/m^3 e 375 kN/m^3 para 0, 7 e 14 dias respetivamente.

4.5.3 Uma mistura de solo com 10% de pó de tijolo e 12% de cal

As Figs. 4.45, 4.46 e 4.47 mostram os gráficos do ensaio de resistência à compressão não confinada para a amostra de solo misturada com 10% de pó de tijolo e 12% de cal.

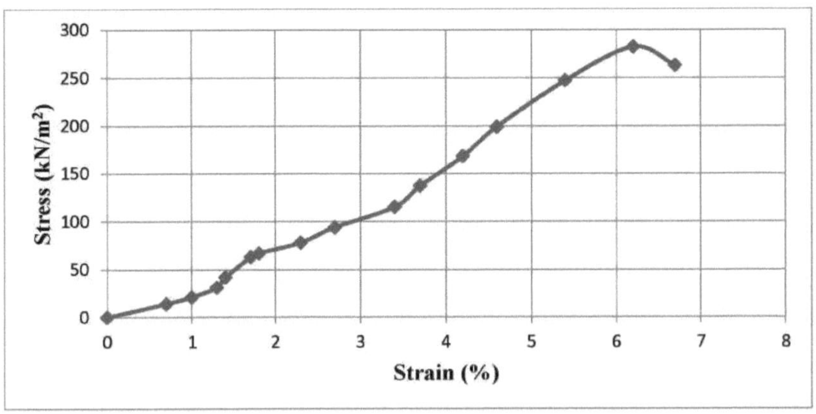

Fig. 4.45: Relação tensão-deformação do solo com 10% BD e 12% Cal para 0 dias

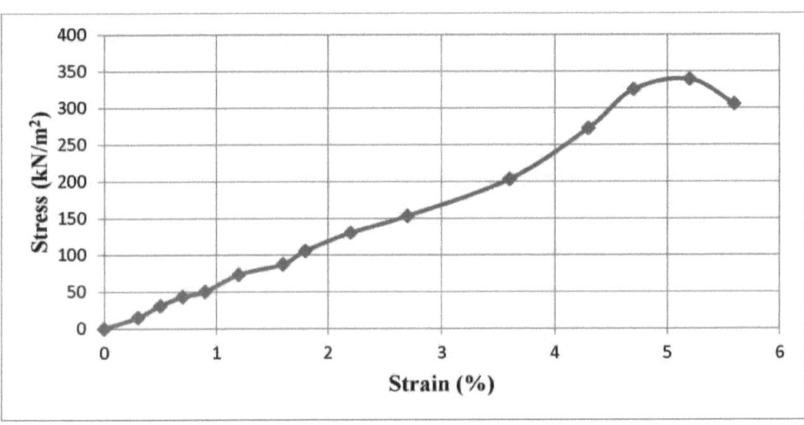

Fig. 4.46: Relação tensão-deformação do solo com 10% de BD e 12% de cal durante 7 dias

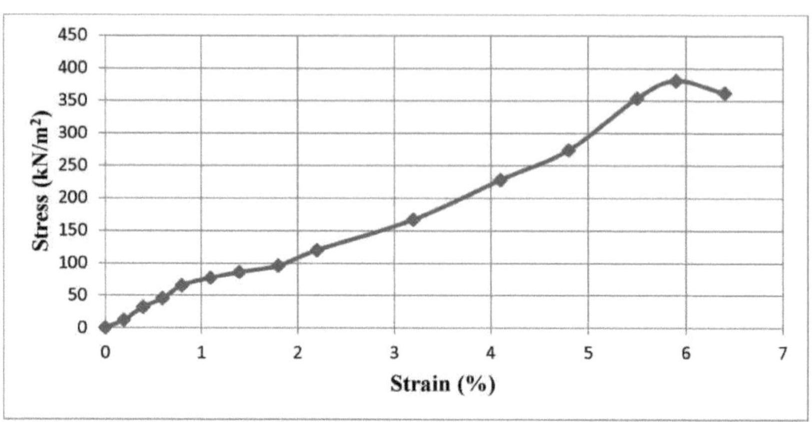

Fig. 4.47: Relação tensão-deformação do solo com 10% de BD e 12% de cal durante 14 dias

A partir das Figs. 4.45, 4.46 e 4.47, o valor UCS da amostra de solo com 10% BD e 12% Cal foi encontrado 282 kN/m^3 , 339 kN/m^3 e 381 kN/m^3 para 0, 7 e 14 dias respetivamente.

4.5.4 Uma mistura de solo com 20% de pó de tijolo e 4% de cal

As Figs. 4.48, 4.49 e 4.50 mostram os gráficos do ensaio de resistência à compressão não confinada para a amostra de solo misturada com 20% de pó de tijolo e 4% de cal.

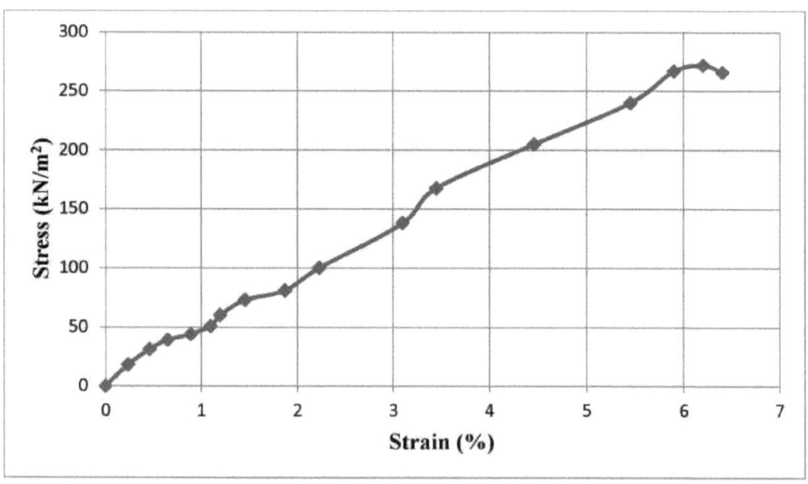

Fig. 4.48: Relação tensão-deformação do solo com 20% de BD e 4% de cal durante 0 dias

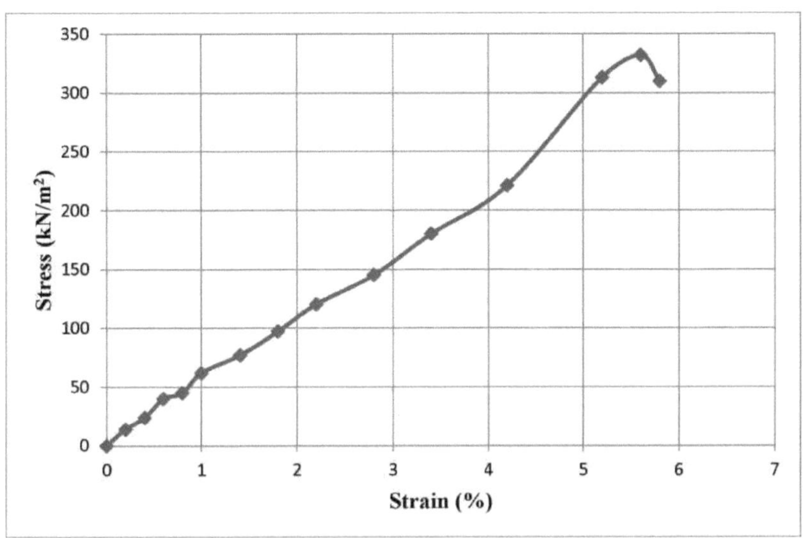

Fig. 4.49: Relação tensão-deformação do solo com 20% de BD e 4% de cal durante 7 dias

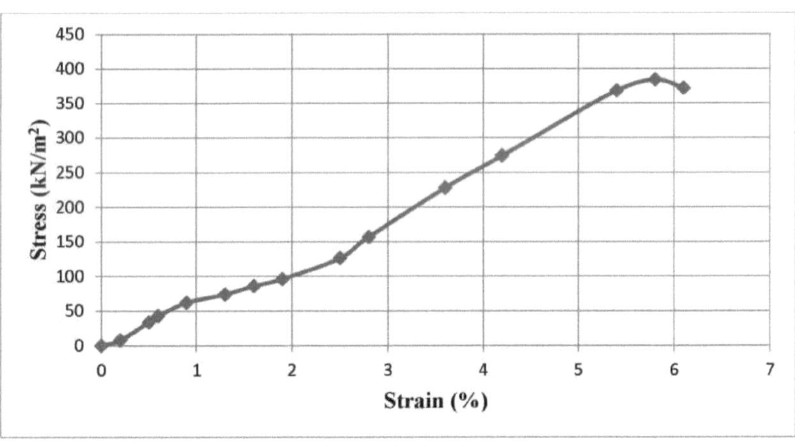

Fig. 4.50: Relação tensão-deformação do solo com 20% de BD e 4% de cal durante 14 dias

A partir das Figs. 4.48, 4.49 e 4.50, o valor UCS da amostra de solo com 20% BD e 4% Cal foi encontrado 272 kN/m^3 , 332 kN/m^3 e 384 kN/m^3 para 0, 7 e 14 dias respetivamente.

4.5.5 Uma mistura de solo com 20% de pó de tijolo e 8% de cal

As Figs. 4.51, 4.52 e 4.53 mostram os gráficos do ensaio de resistência à compressão não confinada para a amostra de solo misturada com 20% de pó de tijolo e 8% de cal.

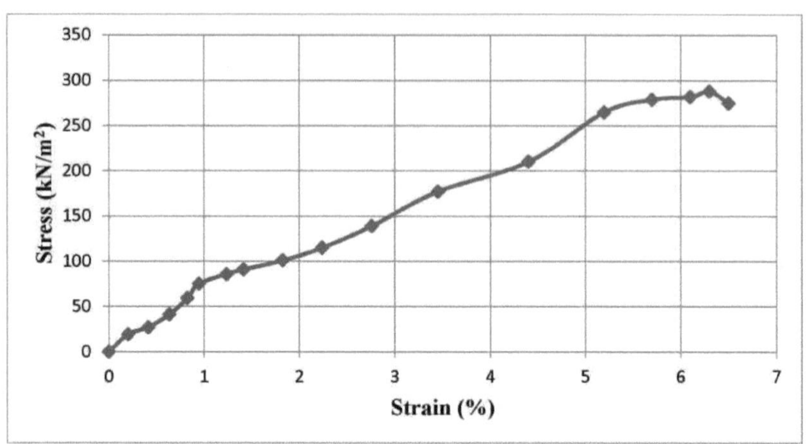

Fig. 4.51: Relação tensão-deformação do solo com 20% de BD e 8% de cal durante 0 dias

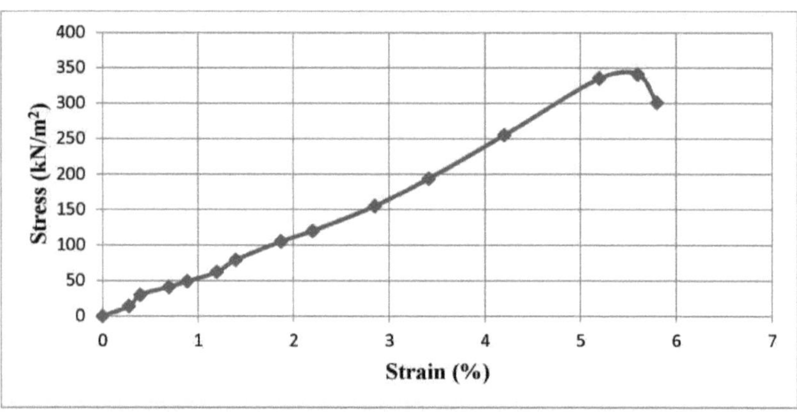

Fig. 4.52: Relação tensão-deformação do solo com 20% de BD e 8% de cal durante 7 dias

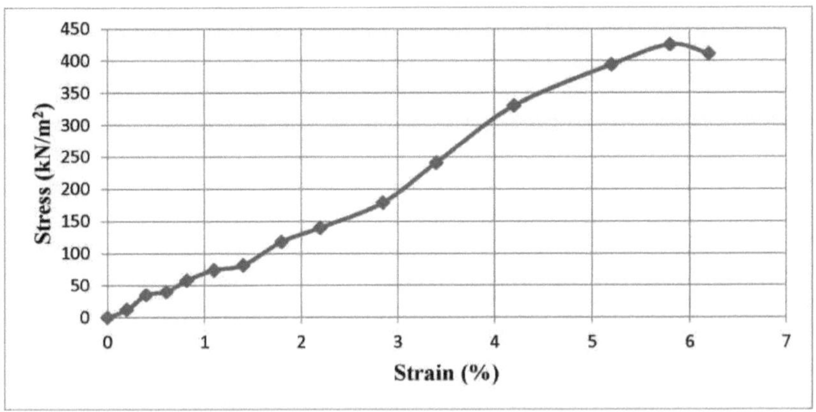

Fig. 4.53: Relação tensão-deformação do solo com 20% de BD e 8% de cal durante 14 dias

A partir das Figs. 451, 4.52 e 4.53, o valor UCS da amostra de solo com 20% BD e 8% Cal foi encontrado 288 kN/m^3 , 341 kN/m^3 e 425 kN/m^3 para 0, 7 e 14 dias respetivamente.

4.5.6 Uma mistura de terra com 20% de pó de tijolo e 12% de cal

As Figs. 4.54, 4.55 e 4.56 mostram os gráficos do ensaio de resistência à compressão não confinada para a amostra de solo misturada com 20% de pó de tijolo e 12% de cal.

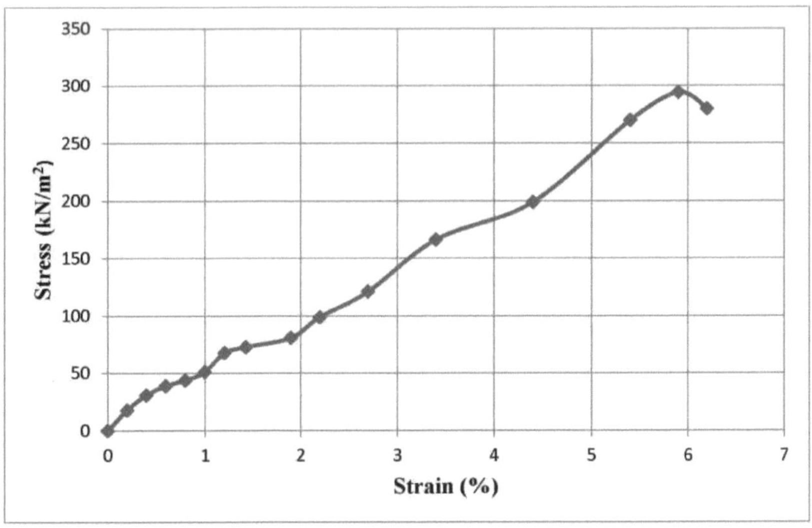

Fig. 4.54: Relação tensão-deformação do solo com 20% de BD e 12% de cal durante 0 dias

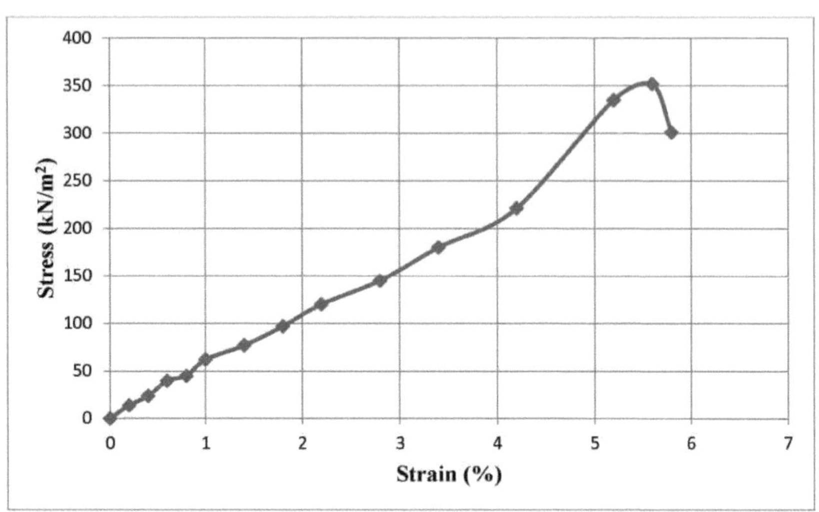

Fig. 4.55: Relação tensão-deformação do solo com 20% de BD e 12% de cal durante 7 dias

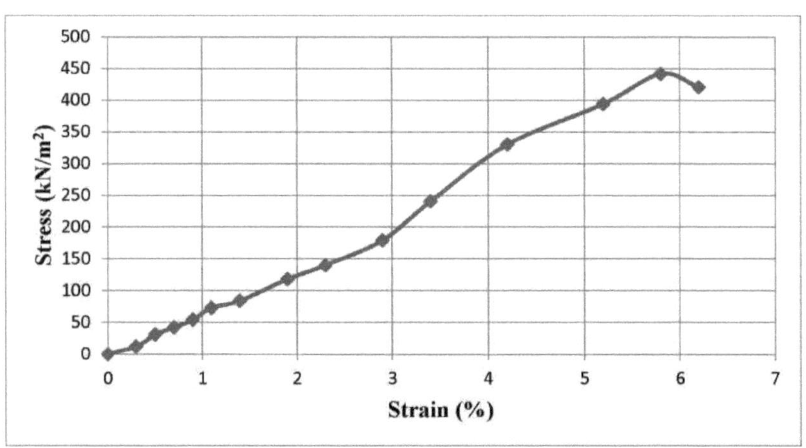

Fig. 4.56: Relação tensão-deformação do solo com 20% de BD e 12% de cal durante 14 dias

A partir das Figs. 4.54, 4.55 e 4.56, o valor UCS da amostra de solo com 20% BD e 12% Cal foi encontrado 294 kN/m^3 , 352 kN/m^3 e 442 kN/m^3 para 0, 7 e 14 dias respetivamente.

4.5.7 Uma mistura de solo com 30% de pó de tijolo e 4% de cal

As Figs. 4.57, 4.58 e 4.59 mostram os gráficos do ensaio de resistência à compressão não confinada para a amostra de solo misturada com 30% de pó de tijolo e 4% de cal.

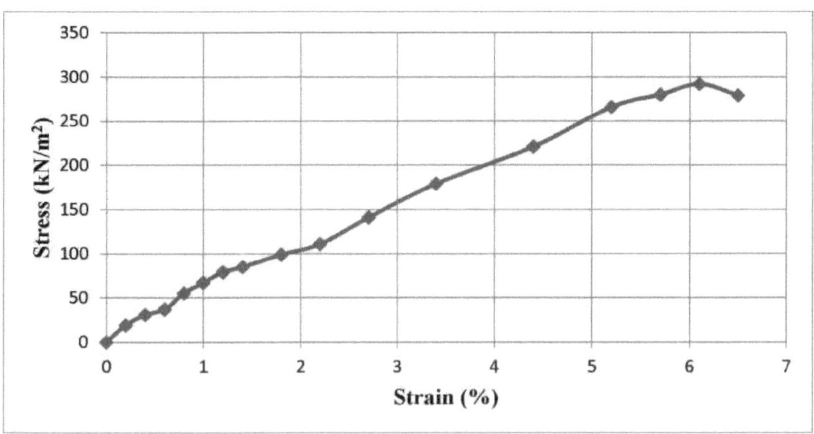

Fig. 4.57: Relação tensão-deformação do solo com 30% de BD e 4% de cal durante 0 dias

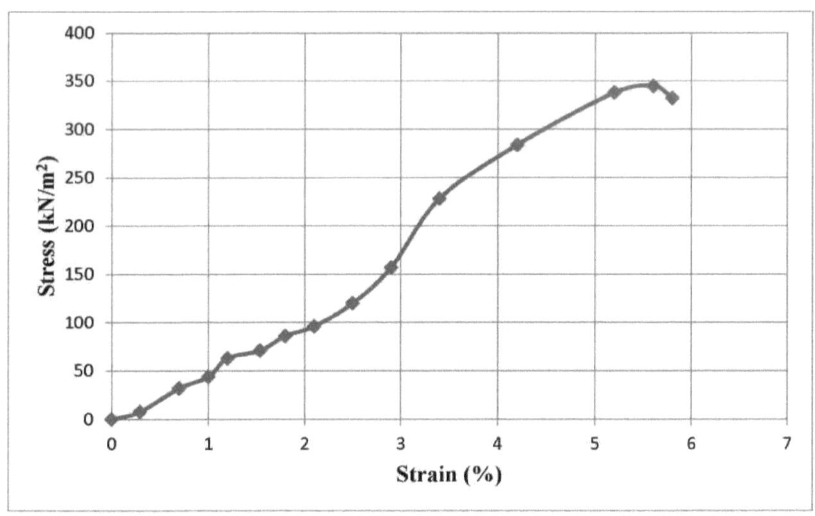

Fig. 4.58: Relação tensão-deformação do solo com 30% de BD e 4% de cal durante 7 dias

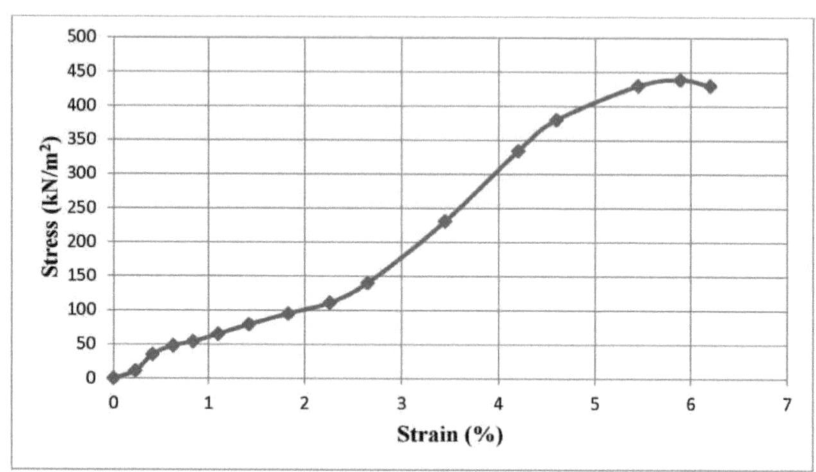

Fig. 4.59: Relação tensão-deformação do solo com 30% de BD e 4% de cal durante 14 dias

A partir das Figs. 4.57, 4.58 e 4.59, o valor UCS da amostra de solo com 30% BD e 4% Cal foi encontrado 292 kN/m^3 , 345 kN/m^3 e 439 kN/m^3 para 0, 7 e 14 dias respetivamente.

4.5.8 Uma mistura de terra com 30% de pó de tijolo e 8% de cal

As Figs. 4.60, 4.61 e 4.62 mostram os gráficos do ensaio de resistência à compressão não confinada para a amostra de solo misturada com 30% de pó de tijolo e 8% de cal.

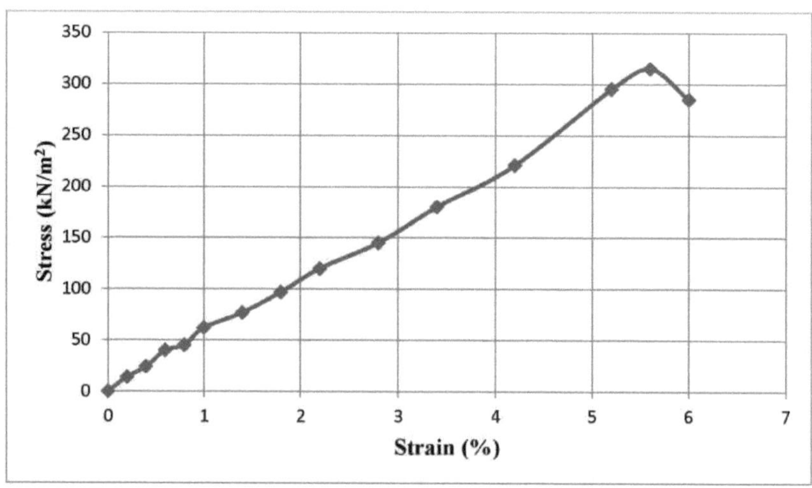

Fig. 4.60: Relação tensão-deformação do solo com 30% de BD e 8% de cal durante 0 dias

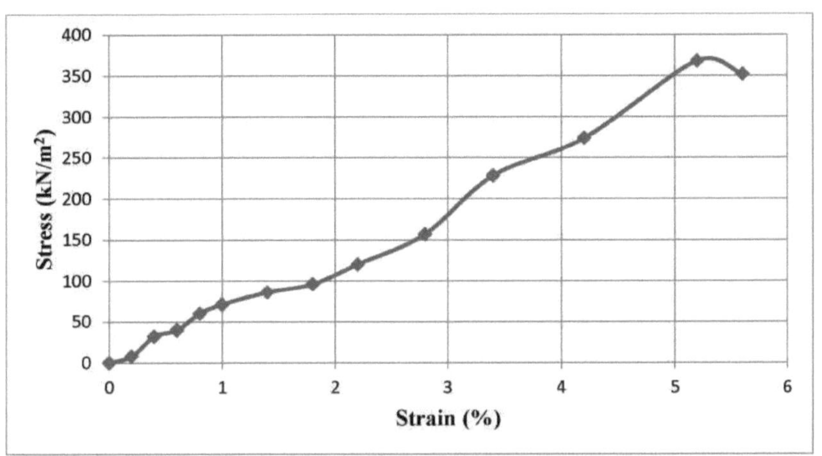

Fig. 4.61: Relação tensão-deformação do solo com 30% de BD e 8% de cal durante 7 dias

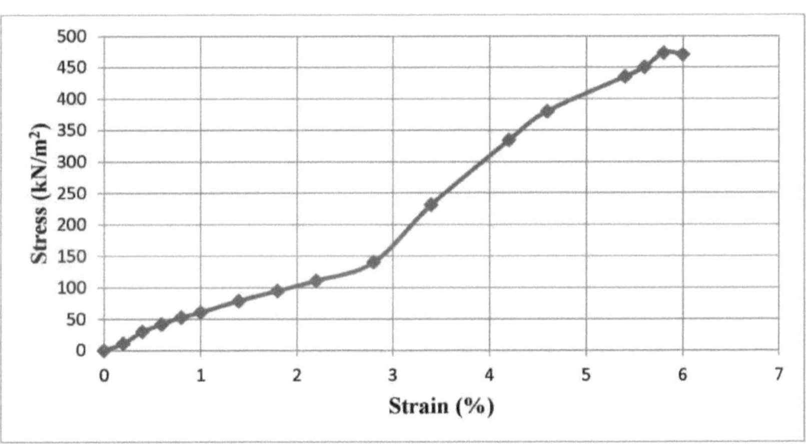

Fig. 4.62: Relação tensão-deformação do solo com 30% de BD e 8% de cal durante 14 dias

A partir das Figs. 4.60, 4.61 e 4.62, o valor UCS da amostra de solo com 30% BD e 8% Cal foi encontrado 315 kN/m^3 , 368 kN/m^3 e 473 kN/m^3 para 0, 7 e 14 dias respetivamente.

4.5.9 Uma mistura de solo com 30% de pó de tijolo e 12% de cal

As Figs. 4.63, 4.64 e 4.65 mostram os gráficos do ensaio de resistência à compressão não confinada para a amostra de solo misturada com 30% de pó de tijolo e 12% de cal.

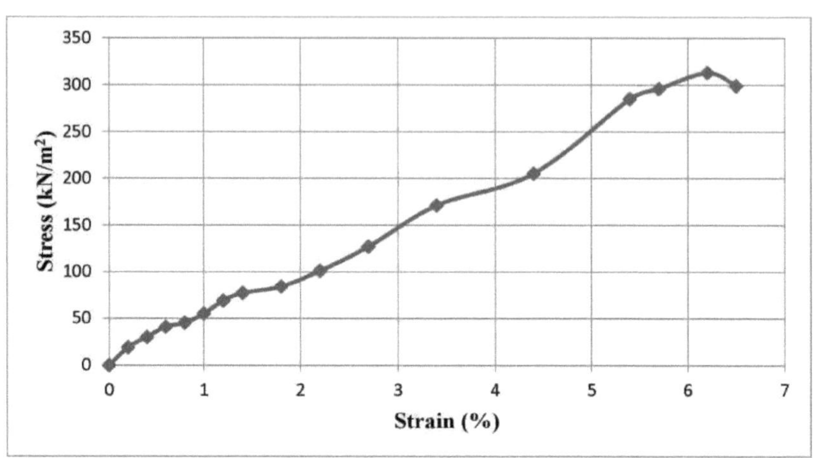

Fig. 4.63: Relação tensão-deformação do solo com 30% de BD e 12% de cal durante 0 dias

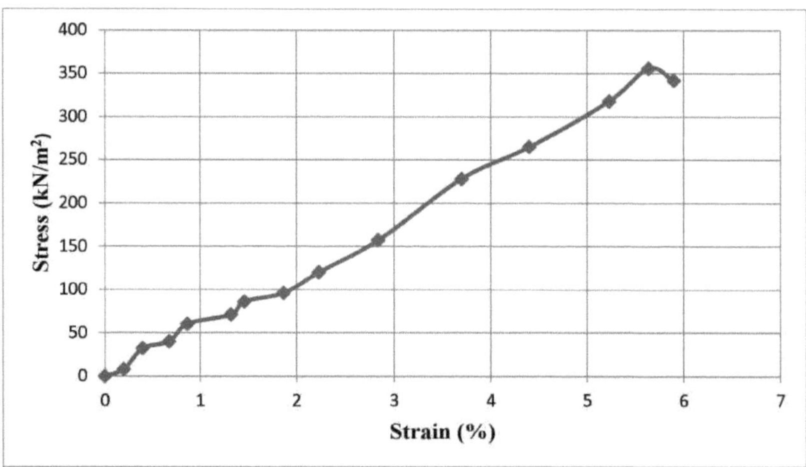

Fig. 4.64: Relação tensão-deformação do solo com 30% de BD e 12% de cal durante 7 dias

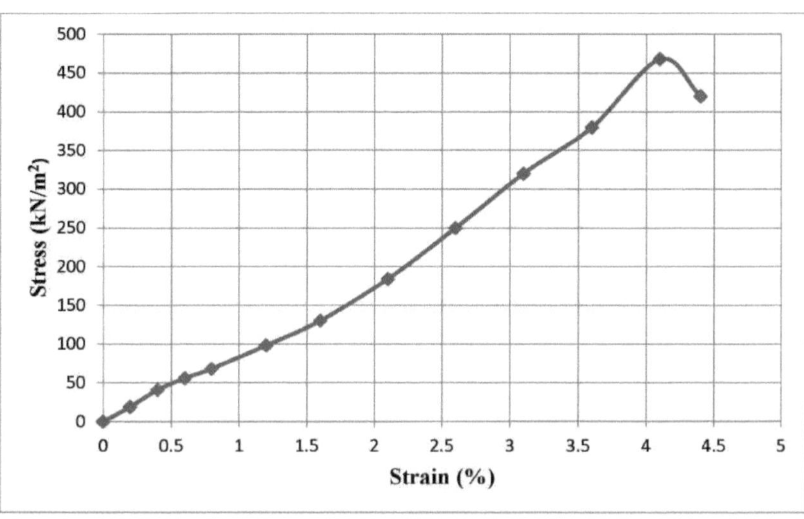

Fig. 4.65: Relação tensão-deformação do solo com 30% de BD e 12% de cal durante 14 dias

A partir das Figs. 4.63, 4.64 e 4.65, o valor UCS da amostra de solo com 30% BD e 12% Cal foi encontrado 313 kN/m^3 , 356 kN/m^3 e 468 kN/m^3 para 0, 7 e 14 dias respetivamente.

4.5.10 Resumo dos resultados

A partir dos resultados acima, os valores de UCS estão resumidos na Tabela 4.4, 4.5 e 4.6 para 0, 7 e 14 dias, respetivamente. Observa-se que, 30% de BD e 8% de cal foi a mistura óptima para a modificação das propriedades geotécnicas estudadas.

Tabela 4.4: Valores UCS do solo com pó de tijolo e cal aos 0 dias

Material	Unconfined Compressive Strength (kN/m^2)
Soil + 10% BD+4%lime	253
Soil + 10% BD+8%lime	268
Soil + 10% BD+12%lime	282
Soil + 20% BD+4%lime	272
Soil + 20% BD+8%lime	288
Soil + 20% BD+12%lime	294
Soil + 30% BD+4%lime	292
Soil + 30% BD+8%lime	315
Soil + 30% BD+12%lime	313

Tabela 4.5: Valores UCS do solo com pó de tijolo e cal aos 7 dias

Material	Unconfined Compressive Strength (kN/m^2)
Soil + 10% BD+4%lime	312
Soil + 10% BD+8%lime	328
Soil + 10% BD+12%lime	339
Soil + 20% BD+4%lime	332
Soil + 20% BD+8%lime	341
Soil + 20% BD+12%lime	352
Soil + 30% BD+4%lime	345
Soil + 30% BD+8%lime	368
Soil + 30% BD+12%lime	356

Tabela 4.6: Valores UCS do solo com pó de tijolo e cal aos 14 dias

Material	Unconfined Compressive Strength (kN/m^2)
Soil + 10% BD+4%lime	334
Soil + 10% BD+8%lime	375
Soil + 10% BD+12%lime	381
Soil + 20% BD+4%lime	384
Soil + 20% BD+8%lime	425
Soil + 20% BD+12%lime	442
Soil + 30% BD+4%lime	439
Soil + 30% BD+8%lime	473
Soil + 30% BD+12%lime	468

A variação da UCS com diferentes percentagens de cal a pó de tijolo constante durante 0, 7 e 14 dias é mostrada nas figs. 4.66, 4.67 e 4.68, respetivamente.

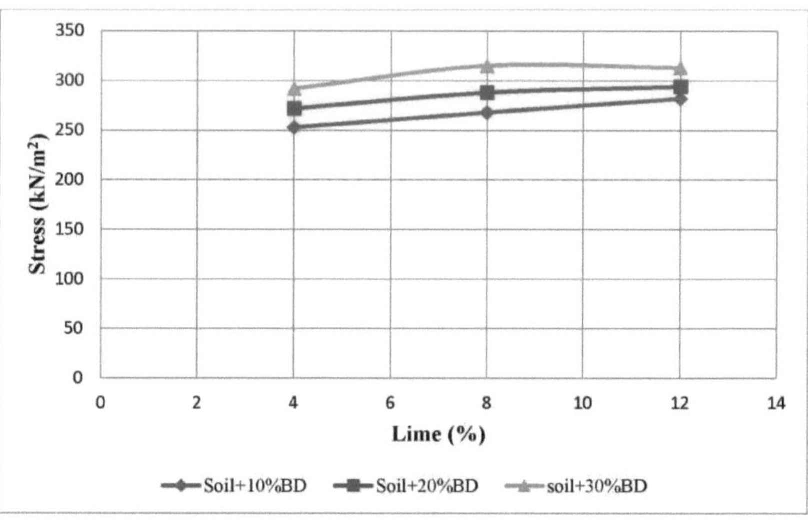

Fig. 4.66: Variação da UCS com diferentes percentagens de cal a uma BD constante (10%, 20% e 30%) durante 0 dias

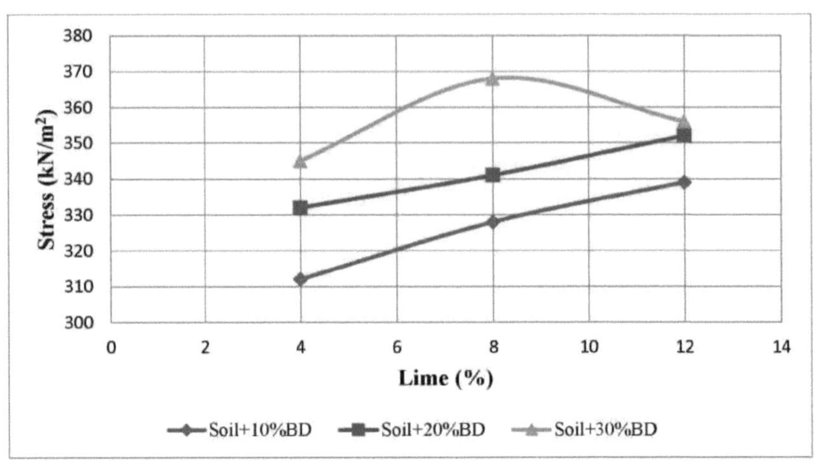

Fig. 4.67: Variação da UCS com diferentes percentagens de cal a uma BD constante (10%, 20% e 30%) durante 7 dias

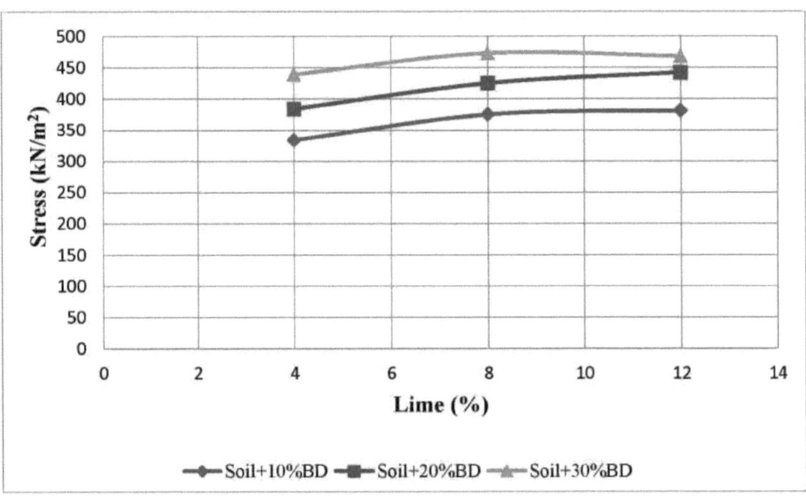

Fig. 4.68: Variação da UCS com diferentes percentagens de Cal a uma BD constante (10%, 20% e 30%) durante 14 dias

Capítulo 5

RESUMO E CONCLUSÃO

5.1 Generalidades

Neste capítulo, foi feito um esforço para resumir os resultados obtidos a partir do trabalho experimental efectuado em laboratório. Um estudo experimental efectuado em laboratório mostrou que o pó de tijolo e a cal podem ser utilizados para melhorar as propriedades geotécnicas do solo expansivo. A utilização de pó de tijolo em solo expansivo será económica, bem como a utilização de resíduos.

5.2 Resumo dos resultados

No laboratório, foram efectuados os seguintes ensaios em várias misturas de solo - pó de tijolo - cal:

1. Teste de proctor padrão
2. Ensaio do rácio de suporte da Califórnia
3. Ensaio de resistência à compressão não confinada.

Os resultados obtidos no laboratório estão resumidos na Tabela 5.1.

5.3 Conclusões

Os resultados dos ensaios do presente estudo permitem tirar as seguintes conclusões

1. Com o aumento da cal no solo misturado com pó de tijolo, a densidade seca máxima (MDD) diminui e o teor de humidade ótimo (OMC) aumenta.
2. O valor máximo de CBR para a condição não encharcada e encharcada foi de 11,30% e 5,84%, respetivamente.
3. A resistência máxima à compressão não confinada é obtida com 30% de pó de tijolo e 8% de cal misturados no solo.
4. A quantidade óptima de Solo: Pó de tijolo: Cal como 62% : 30% : 8% pode produzir os melhores resultados possíveis para a modificação das propriedades geotécnicas do solo expansivo.

Quadro 5.1: Resultados dos ensaios do solo e do solo misturado com diferentes percentagens de BD e cal

S. No.	Mix Sample	Parameters Studied										
		LL (%)	PL (%)	PI (%)	G	OMC (%)	MDD (kN/m^3)	CBR (%)		UCS (kN/m^2)		
								Unsoaked	Soaked	0 days	7 days	14 days
1.	Soil	28.30	16.10	12.20	2.54	17.98	16.68	3.54	1.36	242	294	318
2.	**Soil+10%BD+4%Lime**	-	-	-	-	19.00	16.89	4.96	2.62	253	312	334
3.	Soil+10%BD+8%Lime	-	-	-	-	19.70	16.03	5.16	3.23	268	328	375
4.	Soil+10%BD+12%Lime	-	-	-	-	20.20	15.85	7.20	5.05	282	339	381
5.	**Soil+20%BD+4%Lime**	-	-	-	-	19.73	16.38	6.67	3.85	272	332	384
6.	Soil+20%BD+8%Lime	-	-	-	-	20.80	15.90	8.51	4.69	288	341	425
7.	Soil+20%BD+12%Lime	-	-	-	-	21.50	15.30	10.14	5.33	294	352	442
8.	**Soil+30%BD+4%Lime**	-	-	-	-	20.40	15.60	9.55	4.91	292	345	439
9.	Soil+30%BD+8%Lime	-	-	-	-	21.80	14.70	11.30	5.84	315	368	473
10.	Soil+30%BD+12%Lime	-	-	-	-	21.20	15.30	10.43	5.47	313	356	468

5.4 Âmbito de um estudo mais aprofundado

- É necessário efetuar mais investigação sobre a utilização de misturas de solo, pó de tijolo e cal para o estudo de outros parâmetros geotécnicos.
- Podem também ser avaliados os efeitos da cura dos valores UCS durante períodos mais longos (por exemplo, 30 dias, 56 dias, 90 dias, etc.).
- A aplicação deste método no terreno pode ser efectuada através da utilização de tecnologia adequada para corroborar os resultados acima referidos.

LITERATURA CITADA

Akshatha, R. e Bharath H. M. 2016. "Melhoria na CBR do solo de algodão preto usando pó de tijolo (resíduos de alvenaria de tijolo de demolição) e cal", *Revista Internacional de Pesquisa Inovadora em Ciência, Engenharia e Tecnologia ISSN (Online): 2319-8753.*

Amruta, A., Badge, Lobhesh, N. Muley e Kunal R. Raul 2015. "Avaliação da qualidade para estabilização do solo de algodão preto usando cal", *Revista Internacional de Inovações em Engenharia e Tecnologia, ISSN 2319 - 1058, Vol: 5, Edição 2, página no 49-53.*

Bhavsar, N., Joshi, S., Hiral, B., Shrof, K., Patel, O. e Ankit, J. 2014. "Efeito do pó de tijolo queimado nas propriedades de engenharia em solo expansivo", *Jornal Internacional de Pesquisa em Engenharia e Tecnologia eISSN: 2319-1163 | pISSN: 2321-7308, Volume: 03 Edição: 04.*

Bhavsar, N., Patel, S. e Ankit, J. 2014. "Análise das propriedades de inchaço e encolhimento do solo expansivo usando pó de tijolo como estabilizador", *Jornal Internacional de Tecnologia Emergente e Engenharia Avançada, ISSN 2250-2459, Vol: 4, Edição 12, página no 303-308.*

DANA. 1994. "Soil stabilization for pavements", *Departamento do Exército, da Marinha e da Força Aérea,* Washington D.C: 32-1019.

Dash S.K. e Hussain M. 2011. "Lime stabilization of soils: reappraisal", *Journal of Materials in Civil Engineering, 24*(6), pp.707-714.

Diamond, S. e Kinter, E.B. 1965. "Mechanisms of Lime Stabilization", *Highway Research Record, 92, p.83.*

Emmanuel. 2008. "Engineering properties of locally manufactured burnt brick pavers for Agarian and rural earth roads", *American Journal of Applied Sciences, Vol. No. 10, p. 1348 - 1351.*

IS: 2720, PARTE 16, 1979. Código de práticas para ensaios de CBR em laboratório.

IS: 2720, PARTE 2, 1973. Código de práticas para a determinação do teor de água.

IS: 2720, PARTE 3, 1980. Código de práticas para a determinação da gravidade específica.

IS: 2720, PARTE-5, 1985. Código de prática para a determinação dos limites de Atterberg.

IS:2720, PARTE-10, 1973. Código de práticas para a determinação da resistência à compressão não confinada do solo.

IS:2720, PARTE-7, 1980. Código de Prática para a determinação da relação entre o teor de água e a densidade seca utilizando compactação ligeira.

Jawad Taha, Ibtehaj, Taha Raihan, Majeed Hameed Zaid e Khan A. Tanveer. 2014. "Estabilização do solo usando cal: Advantages, Disadvantages and Proposing a Potential Alternative", *Research Journal of Applied Sciences, Engineering and Technology 8(4), pp. 510-520.*

Joshi, S. e Dudanin, K. 2008. "Environmental health effects of brick kilns", *Katmandu University Medical Journal, Vol. 6, No. 1, Issue 21, pp. 3-11.*

Kassim, K. A. 2009. "The Nanostructure Study on the Mechanism of Lime Stabilised Soil", *Departamento de Geotecnia e Transportes, Universiti Teknologi Malaysia, Research Vol No: 78011.*

Kumar, A., Kumar, A. e Prakash Ved. 2016. "Estabilização de solo expansivo com cal e pó de tijolo". *Revista Internacional de Toda a Educação de Pesquisa e Métodos Científicos (IJARESM) ISSN: 2455-6211, Volume 4, Edição 9.*

Maithel, S. 2013. "A Report Prepared for the SAARC Energy Centre", Islamabad.

Pitroda, J., Bhatt, R., Patel, I. e Umrigar, F. S. 2010. "Techno economical study of FAL-G bricks", *Conferência Nacional sobre Cinzas Volantes/Materiais Futuristas na Construção Civil para o Desenvolvimento Sustentável.*

Pokale, K.R., Borkar, Y.R. e Jichkar, R.R. 2015. "Investigação experimental para a estabilização do solo de algodão preto usando resíduos de material - pó de tijolo", *International Research Journal of Engineering and Technology (IRJET) e-ISSN: 2395-0056.*

Sharma, S. e Yadav, S.K. 2014. "Resíduos de pó de forno de tijolos como material de construção em engenharia civil", *Gjesr Research Paper Vol. 1[Issue 8].*

Singh, S. e Vasaikar, H. 2015. "Estabilização de solo de algodão preto usando cal", *Revista Internacional de Ciência e Pesquisa, 4(05), pp.1-5.*

Tabin, R., Kumar, A., Duggal, S.K. e Mehta, P.K 2011. "Experimental study on lime-soil-fly ash bricks", *International Journal of Civil and Structural Engineering, Volume 1, no 4.*

Zerdiasif, T., Pasha, M., Ahmed, K., Kumar, V. e Zerdi, N. M. 2016. "Estabilização do solo usando pó de cal e tijolo", *Paripex - Jornal Indiano de Pesquisa ISSN-2250-1991.*

VITA

O autor, Ashish Kumar, nasceu a 22 de julho de 1991 na cidade de Rudrapur, Uttarakhand. Concluiu o ensino secundário e o ensino intermédio na C.B.S.E. em 2007 e 2009, respetivamente. Concluiu o seu B.Tech. em Engenharia Civil na Universidade Graphic Era, Dehradun. Ingressou no Mestrado em Engenharia Civil em 2015, com especialização em Mecânica dos Solos e Engenharia de Fundações na Faculdade de Estudos de Pós-Graduação da Universidade G. B. Pant de Agricultura e Tecnologia, Pantnagar. Recebeu uma bolsa de estudo MHRD GATE durante o programa de mestrado.

Endereço :

Ashish Kumar
Palácio Siddhu Gali
Avas Vikas, H.No-168
Distrito - U.SNagar
Uttarakhand, Índia
Telefone: 9012118702
Correio eletrónico: ashishbaweja1991@gmail.com

Printed by Books on Demand GmbH, Norderstedt / Germany